香港街市

香港街市

日常建築裏的城市脈絡
（1842–1981）

徐頌雯 著

香港中文大學出版社

《香港街市：日常建築裏的城市脈絡 (1842–1981)》
　徐頌雯　著

© 香港中文大學 2022

本書版權為香港中文大學所有。除獲香港中文大學
書面允許外，不得在任何地區，以任何方式，任何
文字翻印、仿製或轉載本書文字或圖表。

國際統一書號 (ISBN)：978-988-237-273-3

2022年第一版
2022年第二次印刷

出版：香港中文大學出版社
　　　香港 新界 沙田 · 香港中文大學
　　　傳真：+852 2603 7355
　　　電郵：cup@cuhk.edu.hk
　　　網址：cup.cuhk.edu.hk

Everyday Architecture in Context:
Public Markets in Hong Kong (1842–1981) (in Chinese)
　By Tsui Chung Man Carmen

© The Chinese University of Hong Kong 2022
All Rights Reserved.

ISBN: 978-988-237-273-3

First edition 2022
Second printing 2022

Published by The Chinese University of Hong Kong Press
　　　　The Chinese University of Hong Kong
　　　　Sha Tin, N.T., Hong Kong
　　　　Fax: +852 2603 7355
　　　　Email: cup@cuhk.edu.hk
　　　　Website: cup.cuhk.edu.hk

Printed in Hong Kong

永遠懷念我的外婆

目錄

04

05

06

引言

香港公眾街市的獨特個案

這本書是我對香港工務司署（Public Works Department）所設計的公共建築研究計劃其中一部分。工務司署是香港殖民地時期負責設計和興建公共建築的政府部門。我的研究旨在理解工務司署如何在香港推動現代建築。工務司署由英國建築師和工程師領導，自1841年英國佔領香港以來，興建了許多帶西方建築風格的宏偉公共建築。工務司署崇尚的新古典建築（Neoclassical architecture）、維多利亞時代建築和愛德華時代建築等西方建築風格，在當時不僅流行於政府建築，亦盛行於外商擁有的私人物業。可是，這情況在1930年代有所改變。由於市區範圍不斷擴大，政府指令工務司署興建新一批公眾街市，以滿足日益增長的人口需求。就在這段期間，工務司署摒棄沿用已久的西方傳統建築式樣，反而大膽地採用了第一次世界大戰後於歐洲流行的現代建築風格。於1937年落成的灣仔街市，有可能是工務司署首座完全脫離舊有建築風格的現代公共建築。在眾多種公共建築中，為什麼工務司署會選擇街市，作為其首個現代建築實驗？

公眾街市成為香港第一批現代政府建築的個案十分獨特，值得我們深入探討。在研究過程中，我發現更多關於香港公眾街市的有趣史實，超出我原定只研究現代建築的範圍。例如公眾街市是英國人踏足香港後最早興建的公共建築之一。早在1842年，即英國人佔領香港短短一年，他們便興建了「第一政府街市」，即第一代的中環街市。此外，在19世紀，公眾街市的興建跟隨着香港人口的增長模式。最早落成的三座街市，分別坐落於人口集中的中環、金鐘和上環。隨後公眾街市規劃變得更具策略性，在香港市區範圍內，每一分區都會有一所公眾街市，它們通常位於所服務社區的中心。大部分現代公眾街市，包括那些迄今仍然運作的，都是在舊街市同一位置上重建，當中許多甚至存在超過一個世紀。例如現今屹立於皇后大道中的中環街市（1939年落成），是在同一位置上建造的第四代公眾街市，它取代了分別於1842年、1858年和1895年落成的前三代中環街市。

因此，我發現不能將現代街市與它們帶有西方建築風格的先例分割討論。只關注現代時期會限制我們理解公眾街市如何作為一種建築類型在香港出現，以及有甚麼因素改變其建築形式。就着這些原因，這本書發展成為對政府擁有的獨棟有蓋公眾街市一個全面的歷史和建築縱向研究，涵蓋時期由1842年第一所公眾街市落成至1980年代獨棟公眾街市被多用途市政大廈取代為止。

香港的食物買賣傳統

以往華人習慣在露天地方買賣肉類和農產品，露天街頭市集在大多數中國城鎮是居民購買糧食和其他商品的主要場所。一些地方會於一週內指定日子和地點舉行墟市，方便人們進行交易。一般華人所稱的「市場」，被香港本地人以廣東話稱為「街市」。有趣的是，儘管「街市」字面意思是「街頭市集」，至今本地人和政府仍會以此廣東話名稱來稱呼有蓋或室內市場。

有蓋公眾街市由英國人引入香港。James Schmiechen 和 Kenneth Carls 指出，一般18世紀英國露天市場通常由一堆簡單粗劣的棚寮組成。可是這些露天市場存在着各種問題，如環境擠逼、噪音滋擾和衛生惡劣。因此自19世紀開始，大多數英國城鎮完全或局部禁止街頭販賣，食物交易因而由街頭搬進有蓋街市。在維多利亞時期，小型室內街市（market house）逐漸演變成巨大華麗的市場大廳（market hall）。[1]

除了為市民供應食物的明顯原因外，香港殖民地政府有其他理由須要興建公眾街市。公眾街市作為官方機關，讓政府一方面防止街道和公眾地方出現滋擾，另一方面監管食物安全和價格。1841年英國人佔領香港，並開始在此地修築道路，他們很快意識到街頭小販對交通造成極大不便。於是政府在1842年興建中環街市，把小販從骯髒的露天街道，搬到建築物內集中進行交易，從此徹底改變香港人獲得食物的方式。隨後香港政府禁止開設私人街市，亦禁止在公眾街市以外的地方售賣生肉和鮮魚。在之後幾十年，政府通過立法來規範本地食品供應，引導新鮮食物交易的應有商業道德，並為專門銷售食物的場所制定建築標準。同時，政府向公眾街市攤檔租戶收取低廉租金，希望能令街市內的食物零售價格維持在較低水平，使市民能夠負擔。

不同政府部門於不同時期負責管理香港公眾街市。最早期的街市作為杜絕人們在街上販賣食物及防止街道出現公眾滋擾的工具，由警察負責監管，但他們只會在發生搶劫、盜竊、毆鬥以及其他嚴重罪行和事故時介入街市事務。每所街市通常由承包人負責營運和管理，這些承包人大多是華裔商人。總量地官處（Surveyor General's Office）只負責檢查承包人興建的公眾街市是否達到政府要求的標準。不過，政府在1858年從承包人手中收回對公眾街市的控制權，以免食物銷售被壟斷。政府在該年賦予總量地官處設計和興建公眾街市，以及登記和出租街市檔位的職責。

公眾街市的管理在1883年再度改變。當時，公眾街市成為控制香港公共衛生的重要一環，政府因此把公眾街市的管理和設計分拆給兩個部門負責。新成立的潔淨局（Sanitary Board）及其屬下的潔淨署（Sanitary Department）負責管理街市和出租街市內的商店和攤檔。潔淨局在1935年改革成為市政局（Urban Council），其屬下執行部門亦同時改組為市政事務署（Urban Services Department，後改稱「市政總署」），兩者一直負責公眾街市的管理和營運。直至回歸後,香港特區政府於1999年解散市政局,以新部門食物環境衛生署取而代之。現時除了在公共屋邨內的街市,所有公眾街市皆由食物環境衛生署管理。至於公眾街市的設計、選址和建造,初期交由總量地官處負責,其後該處於1892年更名為「工務司署」。政府於1982年把工務司署分拆成多個部門,如建築署、地政總署和規劃署等。當中的建築署繼續承擔設計和興建街市及市政大廈的任務。

無論是由總量地官處或其後的工務司署所設計的公眾街市,大致可分為三種類型。第一種為開放式街市,這種街市並無外牆,故稱為「開放式」。建築物通常呈長條形,設計簡單,由多列平均間距的柱子承托一個大屋頂。由於這種街市並無外牆,顧客進出街市極為方便。第二種為單層室內街市,這種街市因為有外牆圍封,顧客在完全室內的環境購物,不會受到天氣影響。開放式街市及單層室內街市在19世紀的歐洲和美國均十分普遍。在香港,工務司署有時會在同一地皮上興建多棟開放式或單層室內街市,組成一個街市建築群,以容納更多攤檔。最後一種街市為多層街市,規模比開放式或單層室內街市龐大,通常坐落於人口最多的區域。早期的街市包含食物批發和零售兩種用途,直至1930年代,政府決定把街市的批發部門分拆出來,另外興建批發市場。自此之後,公眾街市僅負責食物零售。

香港的公眾街市一直為獨棟建築,1970年代市政局把一些非街市用途設施,如熟食中心和兒童遊樂場,安放在街市上層。1980年代開始,市政局因為要善用政府土地,決定把公眾街市和其他市政設施合併於多用途多層市政大廈之內。從此,政府並無再興建僅供食物買賣的獨棟公眾街市。現在只有35所由政府食物環境衛生署管理的獨棟公眾街市仍然運作。

從西方傳統到現代建築

研究公眾街市的發展過程，可讓我們理解香港建築如何從西方建築式樣，轉變為現代建築風格。現代建築在廣義上可以指受現代主義影響、在西方文化發生巨大動盪的時期出現的建築風格。18世紀的啟蒙運動和工業革命，以及19世紀一連串的政治革命，激發人們一種反抗陳規舊矩的傳統文化的想法。許多歐洲建築師都希望擺脫西方建築的傳統，創造更適合現代社會的建築設計。不少新的建築風格，如簡約古典主義（Stripped Classicism）、工藝美術運動（Arts and Crafts Movement）、新藝術運動（Art Nouveau）、裝飾藝術（Art Deco）、現代流線型風格（Streamline Moderne）和風格派（De Stijl）等，都在19世紀末至20世紀初這段時間誕生，可謂百花齊放。

20世紀初，現代主義建築運動（Modern Movement in Architecture）開始廣泛地影響歐洲的建築設計。歐洲一批建築師，包括科比意（Le Corbusier）和包浩斯（Bauhaus）設計學校的創辦人格羅佩斯（Walter Gropius），在1928年成立「國際現代建築協會」（Congrès Internationaux d'Architecture Moderne, CIAM），在歐洲各地舉辦大型會議，探討現代建築的設計方向。協會認為通過建築可以服務和改良社會，強調建築應符合現代社會對政治、經濟和民生的需求，主張功能主導設計，關注建築的實用性、經濟效益和生產方法。他們所主張的建築風格，被稱為「現代主義建築」（Modernist Architecture），通常採用簡約設計，去除傳統建築的裝飾物，更符合工業化大量生產的原則。現代主義建築在第一次世界大戰後迅速在歐洲和美國盛行起來，成為最主流的建築風格，並且傳到香港和世界各地。

本書研究目的

本書有三個研究目的。第一，透過審視我們在日常生活遇到的建築背後的社會、政治和經濟脈絡，試圖將公眾街市的建築歷史與香港歷史聯繫起來。本書所涵蓋的時段，即1840年代至1980年代期間，香港經歷殖民管治、鼠疫、兩次世界大戰、社會動盪、全球通貨膨脹、區域性糧食短缺以及經濟波動。公眾街市如何適應這些社會挑戰？香港市民如何經歷生活水平的提升？我套用縱向的建築研究方法，試圖分析街市設計政策多年來的內容和轉變，找出其與香港不同時期的歷史環境和社會問題的關係，冀望能解釋工務司署為何在某一時期會選擇興建某一類型的公眾街市。

第二，本書追溯有蓋公眾街市建築設計多年來的改變。日常建築在香港經常被忽視，有關日常建築的歷史和文物價值的學術研究少之又少。香港殖民地初期的公共建築，如法院、教堂、大會堂等場所，華人極少到訪，但公眾街市卻與人們日常生活息息相關，很可能是香港人最常到訪的公共建築，尤其是在超級市場和現代雜貨店尚未出現的年代。由於每區都有公眾街市，它們很容易被認為不重要或平平無奇。本書集中研究公眾街市這最廣為人知的公眾建築類型，拋除對標誌性建築的崇尚，以更平易近人的方法向讀者介紹香港的城市和建築史。我整理公眾街市的發展時序，並識別工務司署所開發的各種街市建築類型，包括由依照英國建築傳統而建造的簡單開放式街市和單層室內街市，到包含各種市政文康設施的現代化多層大廈。

第三，本書研究工務司署如何開拓香港現代主義建築之路。現代建築於1930年代傳入香港，並在二戰後成為主流。令人驚訝的是，很少人研究香港現代建築的歷史和設計。缺乏這方面的學術研究，原因可能是基於一種主流和過於簡單的假設，認為現代建築在香港的出現並成為主流是理所當然的事。學者和建築師普遍假設，每個經濟繁榮的城市最終都會採用現代建築，香港也不例外。其實，二戰後香港重建為政府帶來巨大財政負擔。工務司署因應戰後的社會和財政狀況，興建花費較少的現代風格建築，是深思熟慮的決定。我專注研究工務司署設計的公眾街市，作為分析香港現代主義建築的切入點，探討這種公共建築的設計如何逐漸從西方傳統風格過渡到現代風格。由於政府是香港最大的建築贊助者之一，其建築部門工務司署決定在1930年代後開始於公眾街市全面採用現代設計，在改變香港建築思維上擔任關鍵角色。

本書有系統地追溯香港殖民地時期公眾街市的發展軌跡，審視公眾街市如何適應社會需求而變得現代化。本書廣泛地參考一手歷史資料，如殖民地部檔案、政府通函和文件、官方報告、歷史地圖和照片、工務司署的舊建築圖則、舊報紙和期刊雜誌等。雖然我嘗試對香港公眾街市作詳盡記錄，但實在無可能對每所公眾街市逐一作研究。總括而言，我只集中研究在市區興建、由前潔淨局或市政局管理及由工務司署設計的公眾街市。遺憾的是，這項研究未能涉及在新界、徙置區和公共屋邨興建的公眾街市，它們一般規模較小，且設計亦較為簡單。

本書按時序描述香港公眾街市發展的六個階段。第一章涵蓋1842至1882年這段時期，重點介紹香港有蓋公眾街市的誕生及其後40年的運作和管理。為了增加收入並避免承擔管理公眾街市的麻煩，政府將公眾街市批給華商承包，最終導致香港食物銷售被壟斷。第二章研究1883年潔淨局成立和1894年鼠疫爆發對公眾街市發展的影響。公眾街市作為少數可合法出售新鮮食物的地方，其衛生狀況對香港的公眾健康至關重要。因此工務司署在瘟疫期間增建街市，並將新公眾街市提升到符合現代衛生標準的水平。第三章描述了第一次世界大戰前後，全球經濟蕭條如何導致香港失業率和食物價格高企。為了抑制食物價格通脹，潔淨局希望透過興建更多街市引入競爭，工務司署因而設計出一種簡單的鋼筋混凝土開放式公眾街市模型。第四章分析20世紀初，新建築美學的出現如何推動香港公眾街市的設計改變。在理解工務司署如何在1930年代為一批公眾街市尋求一種新的建築表達方式時，本書指出來自上海現代建築的影響。第五章探討香港在二戰後的經濟復甦時期，工務司署須要尋找一種經濟實惠的公眾街市設計。為應對戰後的社會和財政狀況，工務司署於公眾街市完全採取現代主義風格。第六章討論1960年代政府街市重建計劃的挫敗。隨着本地人口買賣糧食習慣改變，政府開始質疑傳統公眾街市的實用性。為確保政府土地得到善用，公眾街市從1980年代開始納入多用途市政大廈中，標誌着香港獨棟街市的終結。

註釋

1 James Schmiechen and Kenneth Carls, *The British Market Hall: A Social and Architectural History* (New Haven: Yale University Press, 1999), 4–5, 24–27.

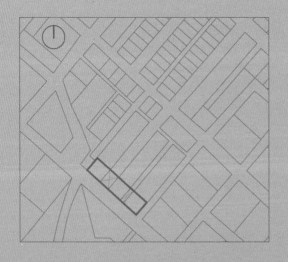

01

第一章　公眾街市與食物銷售壟斷

1.1 開埠初期的新街市

第一政府街市：中環街市

　　1841年1月，英軍佔領香港島並在北岸駐兵。當時香港島人口只有約7,500人，北岸更是人跡罕至。同年5月，英國皇家工兵開始沿北岸修築皇后大道。一個月後，即使香港仍未正式割讓予英國，英國駐華商務總監義律（Charles Elliot）已將沿皇后大道的50幅土地拍賣給外國商人。從此港島北岸漸漸發展起來，不但方便洋人前來經商，亦吸引不少華人從附近地區湧到香港，尋找就業和發展機會。[1] 英國人自1843年6月起，將灣仔、金鐘、中環和上環一段沿海地帶，取名為「維多利亞城」。

　　為了安置不斷增加的華人人口，署理總督莊士敦（Alexander Johnston）於1841年9月出租上環沿海150幅土地予華人聚居，每幅地塊面積為40乘20呎，整個地區稱為「下市場」（Lower Bazaar）。由於其後有更多華人湧入香港，莊士敦在1842年初於中環建立另一個華人聚居地，並稱之為「上市場」（Upper Bazaar，有時亦稱Middle Bazaar）。全區共分118個地段，面積各為14乘36呎，由皇后大道向南往山上伸延。[2] 上市場和下市場成為維多利亞城內兩個主要華人聚居地。

　　據當時輔政司麻恭上將（George Malcolm）憶述，在上下市場華人聚居地附近，有不少小販在街上流連。他們在馬路上販賣食物，為交通帶來諸多不便。[3] 據統計，在1842年3月維多利亞城的8,181名本地人口當中，華人小販佔了600人。[4] 麻恭認為有必要把所有小販集中在一個有蓋街市之內，防止他們阻礙道路，於是他在上市場附近興建了香港第一所公眾街市。[5] 施其樂（Carl T. Smith）指麻恭聘請華人承建商韋亞寬（Wei Afoon）興建這所街市，但施氏並無提供此資料的來源。[6]
街市於1842年5月16日開幕，被稱為「第一政府街市」（Government
Market No. 1）、「中環街市」（Central Market 或 Middle Market）或簡稱為
「街市」（Market Place）。[7]

　　根據1841年6月14日第一次政府賣地記錄，海旁地段16號被保留
作「第一政府街市」，而相連的海旁地段17號則被預留作街市擴建之
用。[8]這兩個地段位於皇后大道和海岸之間。[9]《中國之友與香港公報》
（The Friend of China and Hong Kong Gazette）描述這個街市「位於皇后大
道，並面向一條長長的海濱」。[10]

　　由首任香港總督砵甸乍（Henry Pottinger）於1842年製成的地圖（俗
稱《砵甸乍地圖》〔Pottinger's Map〕），是維多利亞城最早的地圖。從該
地圖可見，有一「魚、肉和家禽市場」（fish, meat & poultry bazaar）位於
皇后大道向海方向，面對市區地段23號和一條上坡斜路（圖1.01）。可
是這街市所處的位置被標示為海旁地段11號，而非如第一次賣地記錄
所示在海旁地段16號上。[11]其實有眾多學者質疑《砵甸乍地圖》的準確
性，例如《香港地圖繪製史》作者恩普森（Hal Empson）就指出《砵甸乍
地圖》失真及比例有誤差，而且圖中所示地段只有少數在後來繪製的地
圖中再次出現。[12]董啟章則認為《砵甸乍地圖》並非第一次賣地的測量
記錄，而可能是砵甸乍構想中的維多利亞城的草圖。[13]所以，《砵甸乍
地圖》中的「魚、肉和家禽市場」，有可能就是中環街市。[14]

　　把《砵甸乍地圖》和其他地圖比較，會發現它所示的地段號碼可
能有誤。[15]愛秩序少校（Edward Aldrich）於1843年所測繪的地圖（俗稱
《愛秩序地圖》〔Aldrich's Map〕），以及香港田土廳長戈登（Alexander
Thomas Gordon）於同年製作的地圖（俗稱《戈登地圖》〔Gordon's Map〕），
都把「魚、肉和家禽市場」所在的地段標註為海旁地段16號，即是與第

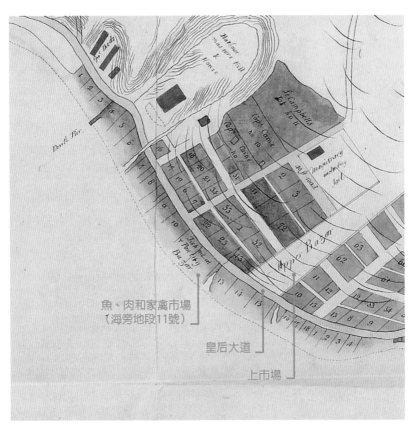

魚、肉和家禽市場
（海旁地段11號）

皇后大道

上市場

圖1.01 「魚、肉和家禽市場」被標記在1842年製成的《砵甸乍地圖》海旁地段11號之上。
(*Plan of Hong Kong. MS. In Sir H. Pottinger's "Superintendent" No. 8 of 1842*, 1842, FO 925/2427, The National Archives, Kew.)

一次土地拍賣記錄所示相符。[16] 此外，在1845年繪製的《維多利亞地圖》(*Plan of Victoria*) 上，同一位置增加了「第一政府街市」一名（圖1.02）。[17] 街市對面的一條狹窄斜路被標註為「閣麟街」，證明該街市與現今中環街市坐落同一位置之上。

從《維多利亞地圖》可見，中環街市被圍牆包圍，面向皇后大道的一面可能建有梯級或閘門。街市靠皇后大道一面有幾棟房屋，靠海一

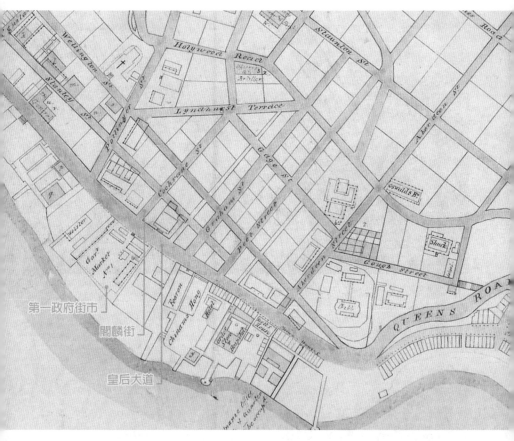

圖 1.02 1845 年繪製的《維多利亞地圖》所示的「第一政府街市」，面對着閣麟街。
(*Plan of Victoria, Hong Kong, Copied from the Surveyor General's Dept.*, 1845,
WO 78/479, The National Archives, Kew.)

面則保留了一大片空地，以便將來擴建街市之用。[18] 街市內最大的一
棟房屋被柱廊包圍，代表着它可能採用沒有外牆的開放式設計。中環
街市的外貌，隱約可見於兩幅畫作之中。錢納利（George Chinnery）於
1851 年創作的一幅水彩畫，描繪了從維多利亞港望向中環的景象。畫
中右方可見英國鐵行輪船公司（Peninsular and Oriental Steam Navigation）
總部，旁邊為中環街市。這幅畫顯示中環街市由幾棟蓋上金字屋頂的

鐵行輪船公司

中環街市

圖 1.03 錢納利的水彩畫顯示中環街市被圍牆包圍。
(Georgy Chinnery, *Victoria West and P. & O. Hong*, 1851, watercolour on paper.)

圖 1.04　畫中鐵行輪船公司左邊的低矮房屋為中環街市。
(Anonymous, *The P&O Headquarters in Hong Kong*, 1855, watercolour on paper.)

低矮房屋組成，向海一面建有一道圍牆，開有三個門口（圖 1.03）。另一幅由不知名畫家於 1855 年所畫鐵行輪船公司的水彩畫，亦可見旁邊的中環街市，外貌與錢納利所畫的相似（圖 1.04）。

　　按照麻恭原本的計劃，街市的房屋應鋪設瓦頂，然而在興建街市時，平整地面遇上困難，亦需要建造堅厚的擋土牆來支撐附近馬路，所以街市的建築成本比原來預算的 3,500 元超支 500 元。最終，部分房屋只能建成葵寮棚廠。不過，麻恭向總督提議，將來可使用街市所賺收入，逐步將棚寮改建成永久性建築物，從而「減低火災的風險，以及大風等天氣因素對街市的影響」。[19]

中環街市初期的運作

在中環街市，售賣同類食物的枱位歸入同一部門。街市一共分為七個部門：第一部門售賣各種肉類、第二水果和蔬菜、第三家禽、第四鹹魚、第五新鮮魚類、第六稱重室和第七貨幣兌換處。[20]《中國之友與香港公報》讚嘆街市有豐富食物供應：

> 街市寬敞的空間擠滿了顧客和商販，證明這座街市有必要興建。蔬果陳列規模很大，效果令人十分滿意。售賣的海鮮種類繁多，給魚類學家帶來不少有趣的話題。從街市的規劃和佈局，我們可以預料這個街市的營運將會成功。這裏處處可以證明項目負責人盡心盡力，以滿足日益增長的人口帶來的迫切需求。[21]

政府以固定價錢出租中環街市的枱位。豬肉枱月租一元，而賣魚、鹹魚、家禽、糕點和茶以及蔬菜的枱位，月租只是0.75元。熟食店的月租最貴，為2.5元（表1.1）。[22] 據麻恭所述，任何人都可以由中國內地來租用枱位，不論是租一天或一個月。政府只向枱位收取少量租金，僅僅足以維持街市運作，並無意收取多於所需。[23]

表 1.1　1842 年政府街市各類枱位租金	
枱位種類	月租（元）
鮮魚枱	0.75
鹹魚枱	0.75
家禽枱	0.75
糕點、茶及其他枱位	0.75
蔬菜枱	0.75
豬肉枱	1
熟食店	2.5

(Select Committee on Commercial Relations with China, *Report from the Select Committee on Commercial Relations with China* [London: HMSO, 1847], 348.)

麻恭委任了韋亞寬為中環街市總管，又為他在街市範圍內興建了一所房子。自此，韋氏家族與中環街市關係密切。韋亞寬作為街市總管，負責管理街市日常運作，及向枱位租戶收取租金。他需要向當時負責法律與治安的總裁判司（Chief Magistrate）報告。除了街市總管之外，任何人都不可在街市過夜。[24]此外，中環街市還聘用了一名助手、三名苦力和兩名看更，所有員工總工資為每月60元（表1.2）。

表 1.2　1842 年政府街市每月管理開支	
員工	每月支出（元）
一名街市總管	20
一名助手	10
三名苦力，每人6元	18
兩名看更，每人6元	12
合共	**60**

(Select Committee on Commercial Relations with China, *Report from the Select Committee on Commercial Relations with China* [London: HMSO, 1847], 348.)

第二政府街市：下環街市

砵甸乍對麻恭所建的第一政府街市非常滿意，更提議一旦該街市完全佔滿，如果社區有需求，他願意撥出更多土地來興建第二所街市。[25]最終，第二個公眾街市比砵甸乍和麻恭預期更快出現，但是該所街市卻非由政府興建。

1842年6月，即中環街市開幕後一個月，在馬德拉斯工程公司（Madras Engineers）工作的奧赫特洛尼（John Ouchterlony），為了方便在金鐘軍事基地駐紮的軍人，在其持有的海旁地段71號興建了一所私人街市。[26]據《愛秩序地圖》顯示，該街市在皇后大道北面，面對炮兵兵營（Artillery Barracks）（即後來其他地圖所示域多利軍營的位置），亦鄰近摩根市場（Morgan's Bazaar）和廣州市場（Canton Bazaar）。該街市大概位於現今太古廣場的位置，所處一段皇后大道成為今天的金鐘道。

砵甸乍認為維多利亞城內的街市應由政府而非私人管理和營運，因此，政府在1843年徵收了奧赫特洛尼的街市，又將其改名為「第二政府街市」（Government Market No. 2）或「下環街市」（Eastern Market）。[27]

1.2 1844年政府街市的餉碼制度

殖民地餉碼制度

當戴維斯（John Davis）於1844年接替砵甸乍擔任香港總督後，隨即發現殖民地政府入不敷支。為了增加政府收入，戴維斯採用了當時在眾多東南亞殖民地，如英屬新加坡和馬來西亞普遍實行的餉碼制度（revenue farming system）。[28]他將幾門生意（包括鴉片、稱鹽、採石、街市和漁業）的專營權拍賣給商人承包，這些承包人或餉碼商須為其特許經營的生意每月向政府繳納餉銀。[29]

街市是香港實行餉碼制度的幾門生意之一。當時市內只有中環和下環兩個街市，政府把它們都交給華人承包。在此後的好幾年，華人餉碼商壟斷了香港的街市營運。有些記錄顯示政府透過公開招標批出街市承包合約，但另一些記錄則指出，政府私下與餉碼商協商承包街市。[30]持有街市承包合約的餉碼商須先向政府遞交一筆擔保銀，然後定時繳交餉銀，之後他們可任意向攤檔檔主收取租金。街市承包合約最短一年，最長五年半。當承包合約期滿，街市就會再次拍賣予標價最高者。

餉碼制度為殖民地政府帶來很多好處。陸志鴻指出，政府能從餉碼制度獲得更多收入。未實行餉碼制度之前，以 1844 年上半年為例，政府只能從中環街市和下環街市所有攤檔賺取 900 元租金；但是，於 1844 年下半年，即餉碼制度實行之後，政府從這兩個街市的餉碼商共收取 2,600 元餉銀。[31] 文基賢（Christopher Munn）也認為，批出街市給私人承包免卻了政府直接向檔主收取租金的麻煩。[32]

承包中環街市和下環街市

街市的餉碼制度不但為政府帶來更多收入，更可將維修街市的責任轉嫁給餉碼商。在街市招標時，政府經常附加條款，要求中標的餉碼商重建或維修該街市。1844 年 8 月，中環街市總管韋亞寬之子韋亞貴（Wei Aqui，或譯 Wei Agui），以每月餉銀 300 元投得中環街市的專營權，為期一年，一半餉銀需預先支付。[33] 政府後來答應將韋亞貴的承包合約續期五年半，由 1845 年 6 月 30 日起計，條件是他必須把街市的棚寮改建成有瓦頂的磚屋，以磚塊或石塊為街市鋪路，以及設置適當的溝渠以保持街市乾燥清潔，以上工作必須經總量地官（Surveyor General）查察滿意。[34] 總量地官一職原為田土廳長，於 1844 年改為總量地官，負責維多利亞城的基建工程、土地註冊和土地拍賣。由於韋亞貴未能負擔所有建築費用，他只能向其他華商借貸，導致他後來欠債累累。[35] 1851 年初韋氏的承包合約期滿之時，中環街市由另一餉碼商周亞蔡（Chow Aqui）投得。周氏花了 1,500 元修葺和重建中環街市，並持專營權直到 1857 年。[36]

下環街市亦有類似中環街市的承包條款。下環街市於 1845 年 5 月 24 日被大火燒毀，然而政府並無意承擔重建街市的責任。[37] 當時餉碼商馮亞帝（Fung Attai，或譯 Fung A Tai）希望續租下環街市五年，自 1845

年 10 月 15 日起計。政府便加上新的合約條款，要求馮亞帝於續約一年之內，在原址興建一所有規模的街市。[38] 此外，馮亞帝必須設置妥當和便利的通道，還要安裝適當的溝渠以保持街市乾燥潔淨。[39]

興建上環街市

維多利亞城的第三個街市由私人興建。自 1841 年起，維多利亞城迅速發展，中區作為洋人聚居地，大部分地段被各政府部門和軍方佔據，基本上已無土地可供發展。上市場簡陋的華人房屋佔據大片珍貴土地，又阻礙了洋人聚居地向西面擴展。政府於 1844 年決定收回租給華人的上市場地段，冀望將這地方改發展成洋人商業區。原本居住在上市場的華人則被遷移至與下市場相連的太平山區。[40] 自此之後，太平山區與下市場成為城內主要的華人住宅和商業區。1844 年 4 月，香港島的華人人口達到 19,000 人，其中婦女和小童不多於 1,000 人，意味着大部分華人人口都是男性勞工，他們從事各種體力勞動工作。[41]

華商盧亞貴（Loo Aqui，或譯 Loo Acqui）向政府申請在下市場西端的海旁地段 41 號（即上環市政大廈現址）興建一座新街市，以服務居住在下市場和太平山區的華人。[42] 政府在 1844 年 8 月 23 日起批給盧亞貴為期五年的承包合約，每月餉銀 200 元，條件是他必須興建一所有規模的街市。但是即使盧亞貴花掉 2,500 元興建新街市，在承包合約屆滿之後，街市會收歸政府所有。[43] 盧亞貴興建的街市被命名為「上環街市」（Western Market 或 Lower Market）。在打後的數十年，中環街市、下環街市和上環街市成為香港三個主要公眾街市。

政府通過餉碼制度將管理和保養街市的責任交給餉碼商，這些餉碼商一般都是華人社區的精英（表 1.3）。例如上環街市餉碼商盧亞貴在鴉片戰爭期間，為英軍供應物資。英國佔領香港之後，他選擇定居香港，成為華人與殖民地政府之間最有勢力的中間人之一。在1840年代，盧亞貴是維多利亞城最大的華人地主，並透過經營妓院、賭館、鴉片煙館和當鋪賺取豐厚利潤。[44]此外，華人精英經常同時壟斷多門生意，例子包括周亞蔡、馮亞帝和盧亞貴，既分別為中環、下環和上環街市的餉碼商，亦同時持有銷售鴉片的專營權。

表 1.3　1840 至 1850 年代香港三大街市的承包人				
街市	租約生效日期	租約期	街市餉碼商／承包人	條款
中環街市	1844年8月16日	一年	韋亞貴	• 餉銀每月300元，一半需預先支付 • 擔保銀500元 • 保管和維修當中所有政府財產 • 確保出售優質糧食 • 確保沒有品德不良人士能隨意進入街市
	1845年6月30日	五年半	韋亞貴	• 餉銀每月400元，一半需預先支付 • 擔保銀2,000元 • 以下工作必須獲總量地官查察滿意： 　– 把街市的棚寮改建成有瓦頂的磚屋 　– 以磚塊或石塊為街市鋪路 　– 設置適當的溝渠以保持街市乾燥清潔 • 確保街市沒有出售腐壞食品
	1851年3月1日	兩年	周亞蔡	• 餉銀每月400元 • 擔保銀1,500元 • 用1,500元重建街市
	1854年9月14日	三年	周亞蔡	• 餉銀每月600元 • 擔保銀2,000元 • 保持街市清潔、乾燥及無任何滋擾 • 確保街市沒有出售腐壞食品
下環街市	1844年10月1日（此街市在1845年5月24日被大火燒毀）	一年	馮亞帝	• 餉銀每月60元 • 擔保銀500元 • 保養街市並確保有良好和充足的食物供應 • 確保沒有品德不良人士能隨意進入街市

（續下頁）

街市	租約生效日期	租約期	街市餉碼商／承包人	條款
下環街市	1845 年 10 月 15 日	五年	馮亞帝	• 餉銀每月 50 元 • 擔保銀 2,000 元 • 在一年內興建一所有規模的街市 • 確保所有建築物得到保養 • 設置妥當和便利的行人通道，安裝適當的溝渠以保持街市乾燥潔淨 • 確保街市沒有出售腐壞食品
上環街市	1844 年 8 月 23 日	五年	盧亞貴	• 餉銀每月 200 元 • 擔保銀 5,000 元 • 用 2,500 元修建一所有規模的街市
	1849 年 11 月 1 日	五年	都爹厘	• 餉銀每月 255 元 • 擔保銀 2,000 元 • 償還盧亞貴 2,500 元街市建築費

（續）表 1.3　1840 至 1850 年代香港三大街市的承包人

1.3　1847 年政府街市發牌制度

對街市被壟斷的不滿

在佔領香港島僅數年之後，英國在中英貿易面臨重大逆差。1845 年，中國向英國商船進口總額為 16,073,682 元，但向英國及英屬印度的出口總額卻高達 26,697,391 元。[45] 此外，香港漸漸落後於中國其他五個通商口岸，尤其是鄰近的廣州。因此，英國下議院在 1847 年成立了「英中商貿關係專責委員會」（Select Committee on Commercial Relations with China），以調查出口萎縮的原因。委員會傳召了許多英國官員和商人作證。

怡和洋行合夥人馬地臣（Alexander Matheson）作證表述，政府提高財政收入的手段是導致香港港口地位下降的原因。[46] 直至 1843 年，香港都是一個自由港，但之後自由市場受到殖民地政府干預。為了應付本地開支，總督戴維斯在任內增加多項徵費和稅項。更糟的是，餉碼制度令主要行業被少數商人壟斷。結果，有聲望的華人決定離開香港，很多貿易亦都不再經香港港口進行。

馬地臣以街市為例，向委員會解釋餉碼制度的運作，他說道：「一個中國人承包了街市，他會將全部枱位租給自己的直系親屬，互享利益。外人並不知道他們如何分享利潤。」[47] 街市壟斷因此而成，對普羅大眾甚為不利。馬地臣再解釋：「有人拿着食物想來香港出售，若他與餉碼商不熟絡，他無法進入街市做生意。因為他會影響街市內其他與餉碼商有關係、且售賣同類食物的商販的生意。」[48] 街市被壟斷導致食物價格高企，馬地臣抱怨貧窮的勞動人口無法負擔香港的生活費，香港的食物質素亦較廣州差。[49]

公眾街市與公眾滋擾

由 1842 到 1847 年，維多利亞城內所有公眾街市均由本地華人管理（由最初的華人街市總管和督察，到後來的華人餉碼商）。差役（即後來的警察）只會在發生搶劫、盜竊、毆鬥以及其他嚴重罪行和事故時介入街市事務。[50] 但是，華人餉碼商管理不善，使中環街市成為維多利亞城的犯罪溫床。群毆、盜竊、暴力、勒索甚至暴動，是中環街市的常態。[51] 很多記錄還顯示，許多檔主及其家屬在中環街市內居住或睡覺，他們當中有些是犯罪集團和幫派的首領。[52]

中環街市是維多利亞城的一個主要公共建築。跟學校、教堂、裁判法院等華人甚少到訪的公共建築不同，中環街市與大眾日常生活息息相關。此外，這街市坐落於皇后大道一個當眼位置，鄰近上、下市場。如此獨特的地標位置，使中環街市容易成為人們襲擊的目標。例如政府在1843年10月拆除一些窩藏歹徒的棚寮，這些歹徒報復，縱火燒毀政府的煤炭倉庫，並企圖焚燒中環街市。翌日，他們持刀再次進入中環街市，四處要脅市民，又傷及一名洋人差役，然後大模廝樣地離開。[53] 1847年，當時在任總督戴維斯因有外國人在廣州受襲，便派軍轟炸當地，中英兩國因而處於緊張局勢。戴維斯的舉動引發香港的華人隨後進行一連串反擊，其中有人企圖放火燒毀中環街市。[54]

街市牌照條例

為了防止公眾街市出現混亂和受到壟斷，香港政府於1847年以發牌制度取代街市餉碼制度。政府透過制定首個街市條例，即《1847年街市牌照與防止街市混亂條例》(*An Ordinance for Licensing Markets and for Preventing Disorders Therein 1847*)，對香港街市實施三大監管。

第一，政府要求所有街市都要領牌。任何人必須先得到政府批准，才可興建或營運街市。此外，所有無牌的街市均會被視為公眾滋擾而被拆除。有意營運已有街市或興建新街市的人，可向輔政司申請街市牌照。

第二，政府正式將所有獲發牌照的街市交由總差役(Chief Magistrate of Police，或譯「總緝捕官」)監管。總差役需要採取一切必要措施，防止街市出現混亂，並維持街市和平安定。差役有權拆除任何侵佔政府土地和海岸的建築物、用易燃物料搭建並有火災風險的樓房，以及名聲敗壞人士的住所。

第三，政府開始管制街市建築的質素。條例規定所有街市必須按照總量地官所批的設計圖以石塊或磚頭興建，此項規定亦適用於殘舊且需要修葺和重建的現有街市。

可惜的是，1847年的牌照條例並未能阻止街市被壟斷，公眾街市仍然由少數成功申領牌照的商人獨攬。唯一改變的是，街市生意不再由華人餉碼商獨佔，在新條例下，不論洋人或華人均可以申請牌照興建或營運街市，因此吸引外國商人加入街市行業。例如1844至1849年間，上環街市本由華商盧亞貴承包，每月納餉銀200元。當盧氏為期五年的承包合約屆滿後，政府將上環街市拍賣予都爹厘（George Duddell），因為他願意將餉銀提高至每月255元。都爹厘由1849年11月1日起，持牌照經營上環街市五年。[55]

自1847年實施發牌制度以來，至少有三個街市興建於牌照持有人所擁有的地段之上。其中一個街市由大地主及承建商譚亞才（Tam Achoy）於1847年興建，坐落於下市場東端譚氏所持的地段上。譚亞才以其公司「廣源號」之名，命名該街市為「廣源街市」。[56]另一方面，都爹厘在1849年承包了上環街市之後，於1850年再獲得另一個街市牌照，准許他在其所擁有的海旁地段65號上興建一所街市。同樣地，洋商哈里姆（Abdoollah Hareem）獲得政府發牌，於其所持的內陸地段330號興建一所街市，牌照為期兩年，由1851年1月1日始計。[57]

由於經營街市可賺取豐厚利潤，商人們爭相申領街市牌照，競爭激烈。為了成功申領牌照，很多華商會賄賂替洋人官員工作的華人買辦。著名的貪污醜聞牽涉中環街市韋氏家族與輔政司的買辦羅見田（Lo Een-teen）。韋亞貴為了保住中環街市的承包合約，同意每月付羅見田150元小費，又容許他免費在中環街市選取肉類和農產品。韋亞貴於1847年去世後，其弟韋亞寬（與父親韋亞寬同名）希望繼承中環街市的承包合約。羅見田以輔政司的名義勒索他繼續每月支付小費。由於韋亞寬不願繳付賄款，他將羅見田勒索一事向總量地官處的地契書記塔蘭（William Tarrant）投訴，塔蘭繼而將這些指控轉告予總督。總督下令作正式調查，但得出的結論是這些指控毫無根據。相反，韋亞寬和塔蘭因串謀詆毀輔政司而被提到最高法院審判，韋亞寬因此失去街市承包合約，塔蘭亦因此掉了官職。[58] 當時報章廣泛報導此宗醜聞。

1.4　1858年街市條例與街市興建計劃

消除街市的壟斷

1850年代初，香港經濟慢慢復甦。1850到1864年太平天國起義期間，很多華人南逃到香港避難，為殖民地帶來資金和勞動力。從1853到1859年，香港華人人口從四萬人左右增加到約八萬六千人。寶靈（John Bowring）在1854年接任香港總督，他主張自由貿易，在任期內決心消除香港街市的壟斷。

總督寶靈形容街市的發牌制度是一個「惡性制度」，因為「街市壟斷者將各種食物價格提高，他們從政府獲得承包合約，政府卻從中賺取極少收入」。[59] 他抱怨道：

> 現行承租街市的制度在各方面都令人反感，早已需要改變。現行制度給予少數人特權，而這特權為普羅大眾帶來極大負擔，生活必需品的壟斷增加了人們的成本和煩惱。[60]

寶靈還留意到，有些牌照持有人將街市轉租予他人，以賺取巨大利潤。例如有一人在1855年承租了一個街市，每年向政府繳納637.1元餉銀，但他隨即把該街市以每年1,625元租金轉租給另一分租戶。[61] 鑒於以上種種問題，寶靈認為有必要以自由競爭的制度取代這種壟斷性的承包制度，透過引入更多獨立商販以降低食品價格，還要以公平的方式增加政府收入，使政府物業配得上應有的價值。[62] 寶靈的提議促使政府於 1858 年 5 月制定《街市條例》（*The Market's Ordinance*）。

《街市條例》規定只有政府憲報公佈的街市才算合法街市，所有非法街市均會被視為公眾滋擾。條例授權總量地官監管街市的建築、註冊和租賃。除了商鋪、枱位、街市挑夫的房子、批發欄或貨物中轉站外，街市範圍內不得興建任何建築物。[63] 街市所有建築必須以石塊或磚頭建造，此外，商鋪或枱位必須安裝適合交易的石櫃枱或木櫃枱。每個街市枱位不應覆蓋多於七呎。

此條例意味政府從餉碼商與牌照持有人手上收回街市，從此自行營運。總量地官對街市內房屋和枱位進行登記，並為其逐一編號。[64] 街市內的建築和房屋會透過公開拍賣出租予標價最高者，租期為一年。未經總量地官許可，任何人都不能在街市內佔據或持有一棟以上的建築物，以防街市被少數商人壟斷。街市的枱位和批發欄則以固定月租出租給商販，由總量地官每月以抽籤形式出租。[65] 為了防止貪污賄賂，公務員及其家屬不得與任何街市或屠房有直接或間接的利益關係。

條例清楚説明街市內外銷售食品的合適做法。在街市內，食品只可於商鋪或枱位銷售。檔主可以出售任何街市一般銷售的食物，但禁止售賣腐壞或品質不良的食物。此外，他們不許在街市內屠宰畜類。屠宰牲畜只能在持牌的屠房內進行。

在街市外售賣食品受到更為嚴格的規管，只有少數人可以在街市外出售食物。持牌的食物供應商，或旅館、咖啡店、熟食店的店主，可向顧客提供熟食。持牌的小販可販賣綠色蔬菜、生果、豆腐、粥、糕點、湯和鹹魚。如有人想在自己的房屋內售賣食物，他們只限出售麵包、牛奶、粥、糖果、湯和鹹魚。換句話説，在街市外嚴格禁止販賣生肉及鮮魚，除了當船民離岸至少300呎時，他們就可以在其船上售賣鮮魚給其他船隻的船員或乘客。

十九世紀末香港的註冊街市

由於香港人口迅速增加，寶靈認為有必要設立更多街市，防止人們在公共街道上售賣易腐壞臭爛的食物，造成公眾滋擾。[66] 隨着1858年《街市條例》的制定，政府預留了15,000英鎊，用於改善現有的街市及興建新街市。[67] 隨之，中環、上環、下環、太平山、掃桿埔和灣仔六個街市在1858年完成重建或興建工程。[68] 1860至1870年代，政府再增設了石塘咀、西營盤和筲箕灣三個街市。以上九個街市均由政府刊憲公佈，屬殖民地合法的公眾街市（圖1.05）。

在九個政府憲報公告的街市當中，中環和上環街市都是在其原址上重建的。下環街市則搬到由填海新闢的寶靈海旁（Bowring Praya）重建，位置就在現今軒尼詩道和軍器廠街交界。另外六個街市則為新建。這九個公眾街市無疑是坐落於人口密集之地區。值得一提的是，這九個街市的位置似乎跟當時香港的地區劃分有關。自1857年5月起，政府將香港島劃分成九區，即維多利亞城、筲箕灣、西環、石澳、大潭篤、赤柱、香港村（即黃竹坑）、香港仔和薄扶林。維多利亞城作為殖民地的重心及人口最多的地區，被進一步劃成七個分區。[69] 翌年，政府擴大了維多利亞城的邊界，並增加了石塘咀分區，使分區總數達到八個。[70] 在維多利亞城的八個分區中，每區均設有一所公眾街市（表1.4）。可是，沒有記錄能證實維多利亞城每一分區設一所街市的做法是政府刻意規劃，還是純屬巧合。在維多利亞城以外，只有一所公眾街市落成，就是位於第二高人口地區的筲箕灣街市。

Colonial Secretary's Office, Victoria, Hongkong, 29th June, 1858.

No. 59.

GOVERNMENT NOTIFICATION.

It is hereby notified, that His Excellency The Governor in Council has been pleased to establish, and declare open, for Public use, the undermentioned Markets:—

CENTRAL MARKET.	EASTERN MARKET.
WESTERN MARKET.	WANCHI MARKET.
TAIPINGSHAN MARKET.	SOOKUNPOO MARKET.

By Order,

W. T. BRIDGES.
Acting Colonial Secretary.

Colonial Secretary's Office, Victoria, Hongkong, 2d July, 1858.

憲諭

本港各商民等知悉今大憲議定為公同設立各街市所列于左議事官用以設立各
市市中環街市
卜環街市
太平山街市
下環街市
灣仔街市
播管埔街市

一千八百五十八年戊午七月初二日特示

圖 **1.05** 政府在1858年刊憲公佈六所合法的公眾街市。
("Government Notification No. 59," *The Hong Kong Government Gazette*, June 29, 1858.)

表 1.4　1858 年《街市條例》實施後落成的公眾街市及其分佈

地區	街市	落成年份
維多利亞城第一分區：西營盤	西營盤街市	1864
維多利亞城第二分區：太平山	太平山街市	1858
維多利亞城第三分區：上環	上環街市	1858
維多利亞城第四分區：中環	中環街市	1858
維多利亞城第五分區：下環	下環街市	1858
維多利亞城第六分區：黃泥涌	灣仔街市	1858
維多利亞城第七分區：掃桿埔	掃桿埔街市	1858
維多利亞城第八分區：石塘咀	石塘咀街市	1875
第二區：筲箕灣	筲箕灣街市	1872

九龍的公眾街市

1860年，清朝政府與英國簽訂《北京條約》，將九龍割讓予英國。九龍與對岸繁盛的維多利亞城不同，只有一些疏落的鄉村，人口僅約800人。[71] 英軍在佔領九龍後，立即佔據尖沙咀作為軍事據點。尖沙咀的村民被迫遷居至油麻地。[72] 1870年代中期，政府開始發展油麻地，又要求收購了海旁地段的私人開發商對海灣進行填海工程。[73] 油麻地逐漸發展成以造船業等行業為主的市鎮。

隨着油麻地人口迅速增長，政府於1879年在當地興建了一所街市，為九龍首個政府街市。[74] 油麻地街市有30個售賣豬肉、牛肉、鮮魚、鹹魚、家禽和蔬菜的枱位，它們每月向政府繳付共60元租金（表1.5）。[75] 政府表示，興建油麻地街市純粹是一項衛生措施，而非為了增加政府收入。[76] 不過，油麻地街市在落成僅三年之後的1882年4月，就日均農產品數量而言，已成為香港第四大街市，僅次於中環、上環和西營盤街市。[77]

表 1.5　1879 年油麻地街市的枱位種類和租金		
枱位種類	數量	月租（元）
豬肉枱	7	2.5（與中環街市一樣）
牛肉枱	3	2.5（與中環街市一樣）
鹹魚枱	3	2.0
家禽枱	2	2.0
蔬菜枱	5	2.0
鮮魚枱	10	1.5
合共	**30**	**60.0**

("Yau Ma Tei Market," 1879, 170191, Carl Smith Collection, Public Records Office, Hong Kong.)

油麻地街市在落成後的十年，都是九龍唯一的公眾街市，直至政府在1889年興建紅磡街市。有趣的是，儘管在香港島的太平山街市面前，已有一條名叫「街市街」的街道，但油麻地街市和紅磡街市所在的街道仍然分別被命名為「街市街」。換句話說，在1880年代，香港總共有三條「街市街」，反映街市不但是一項公共建築，而且是社區地標。當荃灣街市在1936年落成後，其鄰接的街道又被命名為「街市街」。現今，只有油麻地和荃灣的街市街仍然存在，但為了避免街名重複造成混亂，荃灣的街市街被改名為「荃灣街市街」。太平山和紅磡的街市街則分別改名為「普慶坊」和「蕪湖街」。

1.5 1858 年後的公眾街市設計

《街市條例》實施後，總量地官處由1858到1879年，一共興建了十所街市。可惜的是，這十個街市的文獻記錄不多，我們只可以從一些文字記錄、歷史地圖、舊照片和建築圖則，簡略得知它們的設計。從有限的資料可見，這段時期至少有三種不同類型的街市落成，分別為街市建築群、室內街市和開放式街市（表1.6）。

落成年份	街市	街市建築群	室內街市	開放式街市	設計不詳
	表 1.6　1858 至 1879 年興建的公眾街市類型				
1858	中環街市	•			
1858	上環街市	•			
1858	下環街市	•			
1858	太平山街市		•		
1858	灣仔街市		•		

（續下頁）

（續）表 1.6　1858 至 1879 年興建的公眾街市類型				
落成年份	街市	街市建築群	室內街市	開放式街市	設計不詳
1858	掃桿埔街市	•			
1864	西營盤街市				•
1872	筲箕灣街市			•	
1875	石塘咀街市			•	
1879	油麻地街市	•			

街市建築群

中環街市、上環街市、下環街市、掃桿埔街市和油麻地街市都以「街市建築群」模式興建，即街市範圍內有多棟建築物。前四個街市屬於因應《街市條例》而落成的六個街市的其中四個，油麻地街市則為九龍最早建成的公眾街市。

於 1858 年重建的中環街市是一個由多棟長條形房屋組成的建築群。房屋蓋上金字屋頂，其中一棟的屋頂上更開了一列通風天窗（圖1.06）。房屋的排列尚算工整，屋子與屋子之間留有街道。一幅在 1887 年繪製的地圖顯示，有三條內街貫穿中環街市，分別為東街（Eastern Avenue）、中街（Centre Avenue）和西街（Western Avenue）（圖1.07）。[78]

根據政府記錄，在 1858 年重建的上環街市由許多簡陋小屋和小店組成，街市範圍幾乎完全被皇后大道、文咸東街和摩利臣街的私人樓宇包圍，人們只能經狹窄的小巷進入街市（圖1.08）。[79]

舊地圖顯示下環街市和掃桿埔街市均為小型建築群。最初的下環街市位於皇后大道，後搬到寶靈海旁。該街市建築群由三棟大小各異的房屋組成，其中一棟建築物呈長條形，橫跨整塊地皮（圖1.09）。[80] 另一方面，掃桿埔街市則由兩棟設計相同的房屋和一個公廁組成。[81] 此街市被四條公共街道包圍，其中一條為渣甸街（圖1.10）。

　　油麻地街市與掃桿埔街市一樣，由兩棟設計相同的房屋組成。此街市建於1879年，年代比上述街市為晚。油麻地街市坐落於一個鄰接街市街、上海街和廟街的地段。人們可從街市街經幾級梯級，或由兩棟街市之間的露天空地側入口進入街市（圖1.11）。兩棟街市的外牆由白灰泥磚牆建造，並蓋有一個鋪上瓦片的四坡屋頂。

圖1.06　中環街市建築群，建築物之間開闢了三條內街。
(*Hong Kong*, n.d., photograph, CO 1069-917-02, The National Archives, Kew.)

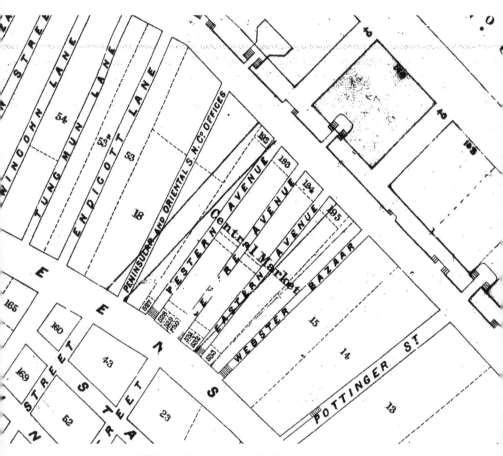

圖 **1.07**　1887 年地圖顯示三條內街貫穿中環街市。
(*Map of Central and Western Victoria [1887]*, 1887.)

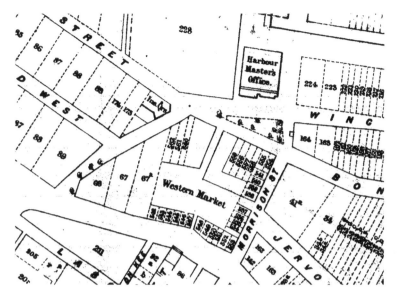

圖1.08　上環街市被私人樓宇包圍，要經過小巷才能到達。
(*Map of Central and Western Victoria [1887]*, 1887.)

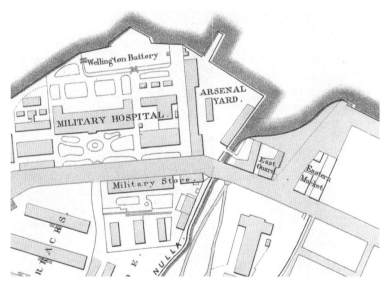

圖1.09　下環街市是一所由三棟大小各異的房子組成的建築群。
(Osbert Chadwick, *Mr. Chadwick's Reports on the Sanitary Condition of Hong Kong; with Appendices and Plans* [London: George E.B. Eyre and William Spottiswoode, for Her Majesty's Stationery Office, 1882], facing 58.)

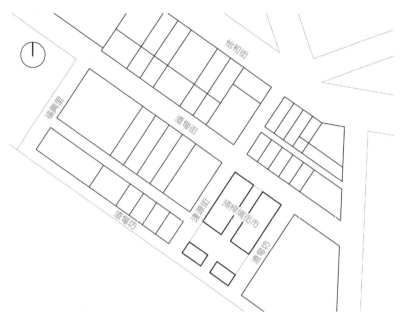

圖 1.10 掃桿埔街市由兩棟設計相同的建築物組成。

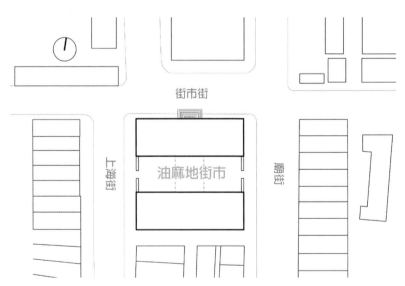

圖 1.11 油麻地街市是一個由兩棟長形房屋組成的小建築群。

室內街市

　　有些舊照片和明信片顯示，建於1858年的灣仔街市和太平山街市均為室內街市。灣仔街市位於皇后大道東和灣仔道的一個角落，在高欄島紀念碑前面。此方尖碑為紀念在高欄島附近一次聯合對抗海盜的行動中陣亡的英美海員和海軍而建。灣仔街市是一棟呈長方形的小型建築物，較闊的一面向着皇后大道東（圖1.12、1.13）。此街市蓋有一個由瓦片鋪成的四坡屋頂，上面裝有一個通風天窗，將自然光和空氣引進室內。食物買賣在完全不受天氣影響的室內環境下進行。街市的兩個半圓形門廊分別開向皇后大道東和灣仔道，均以塔斯卡尼（Tuscan）柱支撐。工務司署在1904年擴建灣仔街市，把街市向皇后大道東前的空地覆蓋，增加室內面積（圖1.14）。

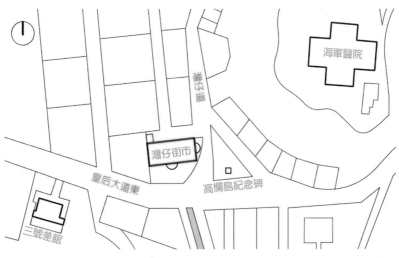

▌**圖 1.12**　灣仔街市坐落於皇后大道東和灣仔道交界。

View of the City and Harbour between Hongkong and K[o

灣仔街市

圖 1.13 在這張 1890 年左右印製的明信片中，可以清楚見到位於摩理臣山腳下的灣仔街市，以及它的半圓形門廊、弓形拱窗和開有通風天窗的四坡屋頂。

圖 **1.14** 在 1904 年擴建完成後的灣仔街市（圖右），開向皇后大道東的半圓形門廊已被拆卸。

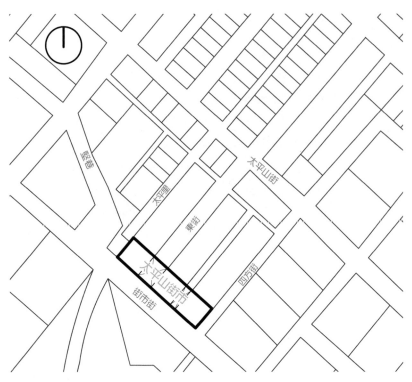

圖 1.15 太平山街市位置圖。

　　與具有西方建築風格的灣仔街市截然不同，太平山街市的設計與中國傳統「三進兩院」式合院相似，並且與太平山區的平民樓房融為一體。這個街市由三間房和兩個天井組成（圖 1.15）。每間房均蓋有一金字屋頂，上面鋪上筒瓦。為了切合太平山區傾斜的地形，此街市被劃分為高、低兩座。低座建在一個高於太平里、但低於街市街的平台上，由兩間房和一個天井組成。人們可從連接着太平里的平台，或連接街市街和東街的天井，通過樓梯進入街市低座。高座則建在與街市街同一水平位置，可直接由該處進入街市。高座由一間房和一個面向着低座後牆的天井組成。從街市街可見，高低兩座的山牆和外牆均採用同一設計，令太平山街市看似一座合院，而非兩棟獨立街市。山牆和外牆開有牛眼窗和扇形拱窗（圖 1.16）。

圖 1.16 英國探險家 Isabella Bird 於 1895 年香港鼠疫期間所拍攝的一幅罕有相片。相中為街市街，左邊金字屋頂房屋為太平山街市。
(Isabella Bird, *A Street Depopulated by the Plague in Hong Kong*, 1895, gelatin silver print, Royal Geographical Society.)

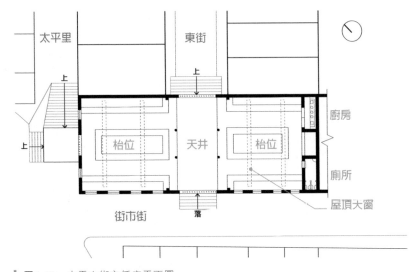

太平里　東街

上　　　上

廚房

上　枱位　天井　枱位　廁所

屋頂大窗

街市街　落

圖 1.17　太平山街市低座平面圖。
(參考 "Tenders for Repairs of Tai Ping Shan Market: Estimate of Costing Attached,"
HKRS 149-2-710, Public Records Office, Hong Kong。)

　　一幅在1875年繪畫的草圖顯示太平山街市低座的平面佈局(圖
1.17)。[82] 街市的兩間房以磚牆和木柱支撐。由於兩間房與天井之間並
無牆壁間隔，人們可以任意來回。每間房的中央和兩旁均放置了用來
銷售食物的枱位。屋頂開有天窗，讓自然光照入室內。其中一間房的
盡頭備有廁所和廚房。

開放式街市

　　除了六個在1858年興建的街市外，政府在1864至1879年間刊憲
增加四所合法街市，其中筲箕灣和石塘咀街市都是沒有外牆的開放式
房屋。於1872年落成的筲箕灣街市位於筲箕灣東大街，是一棟由間距
相若的方柱支撐的長方形房屋。這個街市蓋有由瓦片鋪砌的四坡屋頂
(圖1.18)，共有30個簡單枱位。露天排水渠沿着街市周邊而建，另有
一個獨立廚房設置在街市旁邊(圖1.19)。

圖 1.18　筲箕灣街市是一座開放式街市。
(P1973.454, n.d., photograph, Hong Kong History Museum.)

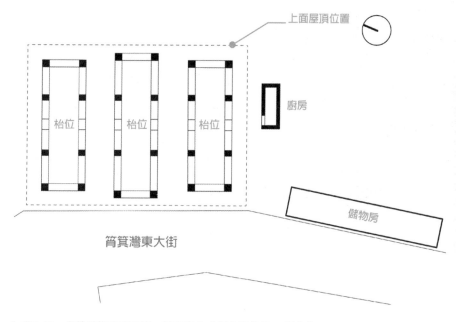

圖 1.19　筲箕灣街市平面圖。這座開放式街市容納了 30 個枱位。

石塘咀街市在筲箕灣街市竣工後三年建成。石塘咀在1858年被納入為維多利亞城的一個分區，但該街市在1875年才在山道露天明渠附近落成。石塘咀街市有30個枱位，可能是上述十個街市當中規模最小的一個。此街市雖然是簡單開放式，但設計精緻，並有西式建築細部和裝飾（圖1.20）。街市呈長方形，方形柱子安裝在柱礎上，柱子頂部有簡單柱頭。建築物的四個角落則採用兩條柱子支撐。此街市蓋有一個四坡屋頂，上面鋪了筒瓦。

圖1.20　石塘咀街市的四個角落均採用兩條柱子支撐。
(P1973.411, n.d., photograph, Hong Kong History Museum.)

1.6 小結

　　香港政府開發公眾街市，原意為了阻止小販在街上販賣食物，以免阻礙交通和破壞社會秩序。政府在 1840 至 1850 年代先後透過餉碼制度和發牌制度，將街市批給私人承包。這樣，政府可以從公眾街市賺取更多收入，同時將興建、管理和維修街市的責任轉嫁給餉碼商或牌照持有人。除了中環街市外，1858 年之前的公眾街市基本上全部都是由承包人興建，總量地官只負責檢查承包人所興建或維修的街市是否達標。有關這個時期公眾街市建築標準的資料甚少，唯一知道的是政府定意將所有棚寮改建成永久性的磚或石砌房屋，以及設置溝渠以保持街市乾燥清潔。

　　不過，這種私人承包的制度導致香港的食物銷售被壟斷，外行人難以加入街市行業。由於缺乏競爭，街市的食物供應質素欠佳，且價格高昂，公眾街市得不到承包人妥善管理。由於差役只會在發生嚴重罪行和事故時才會介入街市事務，公眾街市變成犯罪溫床。

　　當政府在 1858 年實施《街市條例》並收回規管公眾街市的權力時，街市終於不再受到壟斷。該條例賦予總量地官管理公眾街市的職責。總量地官處不但負責設計和興建街市，還負責註冊和出租街市枱位，以及向檔主收取租金。1858 年以後興建的公眾街市包括街市建築群、室內街市及開放式街市。

香港街市興建的時間線（1841–1879）

年份	事件	落成的街市	備註
1841	英軍佔領香港		
1842		中環街市	由麻恭興建，一個有幾棟房屋和棚寮的建築群。1858年拆卸重建。
		下環街市	由奧赫特洛尼在其地皮上興建。1843年被政府徵收，1845年被大火燒毀，同年重建。
1843	根據《南京條約》，香港島被割讓給英國		
1844	總量地官一職設立	上環街市	由盧亞貴興建。1858年拆卸重建。
	街市餉碼制度實施		
	上市場的華人地主被遷移至太平山區		
1845		下環街市（重建）	由馮亞帝重建。1858年再拆卸重建。
1847	街市發牌制度實施	廣源街市	由譚亞才在其地皮上興建。
1850		位於海旁地段65號的街市	由都爹厘在其地皮上興建。
1851		位於內陸地段330號的街市	由哈里姆在其地皮上興建。
1858	《街市條例》生效	中環街市（重建）	一個有幾棟房屋的建築群，內有三條內街。1887年拆卸，1895年完成重建。
		下環街市（重建）	一個有三棟房屋的街市建築群。拆卸年份不詳。

年份	事件	落成的街市	備註
1858		上環街市 （重建）	一個有幾棟房屋和棚寮的街市建築群。1911年拆卸，被兩所街市取代，即1906年在德輔道中落成的北便上環街市，及於1913年在原址完成重建的南便上環街市。
		太平山街市	由三間房和兩個天井組成的合院式室內街市。1894年政府收回太平山區後拆卸。
		灣仔街市	一個室內街市。1904年完成擴建，1935年拆卸，1937年在灣仔道對面完成重建。
		掃桿埔街市	一個有兩棟設計相同的房屋的建築群。1961年拆卸，1963年完成重建及更名為「燈籠洲街市」。
1860	根據《北京條約》，九龍被割讓給英國		
1864		西營盤街市	設計不詳。1930年拆卸，1932年在正街對面完成重建。原址重建為正街街市。
1872		筲箕灣街市	一所開放式街市，四坡屋頂鋪上瓦片。1970年拆卸，1972年完成重建。
1875		石塘咀街市	一所屋頂鋪上筒瓦的開放式街市。1972年拆卸，1974年在皇后大道西完成重建。
1879		油麻地街市	一個有兩棟設計相同房屋的街市建築群。1953年拆卸，1957年在新填地街完成重建。

註釋

1 Martin R. Montgomery, "Report on the Island of Hong Kong (Enclosure 1, in No. 1, Governor Davis to the Right Hon. Lord Stanley, 20 August 1844)," in *Hong Kong Annual Administration Reports, 1841–1941*, ed. Robert L. Jarman, vol. 1 (Slough, England: Archive Editions, 1996), 9.

2 "Gordon to Saltoun," July 4, 1843, 175, CO 129/2, The National Archives, Kew.

3 Select Committee on Commercial Relations with China, *Report from the Select Committee on Commercial Relations with China* (London: HMSO, 1847), 347.

4 "Native Population of Hong Kong," *The Friend of China and Hong Kong Gazette*, March 24, 1842, 3.

5 Select Committee on Commercial Relations with China, *Report from the Select Committee on Commercial Relations with China*, 162.

6 Carl T. Smith, *A Sense of History: Studies in the Social and Urban History of Hong Kong* (Hong Kong: Hong Kong Educational Publishing Co., 1995), 43.

7 《香港歷史和統計概要》(*The Historical and Statistical Abstract of the Colony of Hong Kong*) 記載中環街市於 1842 年 6 月 10 日開業，相信為錯誤資料，因為麻恭在 1842 年 6 月 10 日寄給砵甸乍的一封信中，匯報政府第一街市於 5 月 16 日開幕。《中國之友與香港公報》亦同樣報導該街市於 5 月 16 日開業。比較 *Historical and Statistical Abstract of the Colony of Hong Kong, 1841–1930* (Hong Kong: Noronha & Co., 1932), 2; Select Committee on Commercial Relations with China, *Report from the Select Committee on Commercial Relations with China*, 347–348; "Hongkong Market Place," *The Friend of China and Hong Kong Gazette*, May 12, 1842。

8 "Marine Lots Sold by Public Sale by Order of Captain Elliot, 14th June, 1841," 附於 "Gordon to Malcolm," July 6, 1843, 164, CO 129/2, The National Archives, Kew。亦載於 Select Committee on Commercial Relations with China, *Report from the Select Committee on Commercial Relations with China*, 407。

9 雖然幾乎所有最早期的記錄都表明第一個中環街市坐落於皇后大道向海方向（即北面），但後來一些記錄卻指它位於皇后大道南側，在今天的中環街市對面。例如，《香港歷史和統計概要》便稱「中環街市隨後搬到皇后大道另一邊的地皮」。見 *Historical and Statistical Abstract of the Colony of Hong Kong, 1841–1930*, 2。《南華早報》在 1936 年撰寫一篇文章也同樣報導，第一個中環街市建在「幾乎毗連現今地皮的地方，不過在皇后大道對面（南面），現址為殘舊的華人店鋪和住宅」。見 "A New Market: Central City Building to Be Re-Erected," *South China Morning Post*, June 19, 1936。這些記錄與第一次賣地記錄和 1840 年代繪製的許多幅地圖相矛盾，它們通常寫於第一個中環街市竣工後幾十年，可能並不正確。

10 "Hongkong Market Place," *The Friend of China and Hong Kong Gazette*, May 12, 1842.

11 *Plan of Hong Kong. MS. In Sir H. Pottinger's "Superintendent" No. 8 of 1842*, 1842, FO 925/2427, The National Archives, Kew.

12 Hal Empson, *Mapping Hong Kong: A Historical Atlas* (Hong Kong: Government Information Services, 1992), 46.

13 董啟章著：《地圖集》（台北：聯合文學出版社有限公司，1997），頁68–69。

14 陸志鴻指出《砵甸乍地圖》是在中環街市興建中或剛完成時繪製，他認為圖中的「魚、肉和家禽市場」很大機會就是中環街市。Gary Chi-hung Luk, "Collaboration and Conflict: Food Provisioning in Early Colonial Hong Kong," M. Phil. Thesis (The University of Hong Kong, 2010), Note 41.

15 中環街市所坐落的地皮，曾經有一段時間由海旁地段16號重新編為38號。見 Smith, *A Sense of History: Studies in the Social and Urban History of Hong Kong*, 43; "Bond for $2,000: By Chou Aqui, Lum-Yow and Ung-Ping Re Chou Aqui's Licence to Conduct a Market for the Sale of Provisions on Marine Lot No. 38, Known as Centre Market for 2 Years from 1st March 1851 with Lum-Yow and Ung-Ping As Sureties," March 10, 1851, HKRS149-2-104, Public Records Office, Hong Kong。

16 《愛秩序地圖》現收藏於 Survey of the Northern Face of the Island of Hong Kong by Major Aldrich, 1843, FO 925/2387, The National Archives, Kew；《戈登地圖》刊載於 Empson, *Mapping Hong Kong: A Historical Atlas*, 160–161。

17 *Plan of Victoria, Hong Kong, Copied from the Surveyor General's Dept.*, 1845, WO 78/479, The National Archives, Kew.

18 Select Committee on Commercial Relations with China, *Report from the Select Committee on Commercial Relations with China*, 348.

19 Select Committee on Commercial Relations with China, 347.

20 "Hongkong Market Place," *The Friend of China and Hong Kong Gazette*, May 12, 1842.

21 "Hongkong Market Place," *The Friend of China and Hong Kong Gazette*, May 19, 1842.

22 Select Committee on Commercial Relations with China, *Report from the Select Committee on Commercial Relations with China*, 348.

23 Select Committee on Commercial Relations with China, 162.

24 Select Committee on Commercial Relations with China, 348.

25 "Pottinger to Malcolm," June 12, 1842, 248–249, CO 129/10, The National Archives, Kew.

26 "List of Marine Lots Disposed of in the Island of Hong Kong Previous to the 26th of June, 1843," 附於 "Burgrass & Gordon to Woosnam," January 13, 1844, 66, CO 129/5, The National Archives, Kew。

27 "Davis to Stanley," June 23, 1845, 200–201, CO 129/12, The National Archives, Kew.

28 John G. Butcher and H. W. Dick, eds., *The Rise and Fall of Revenue Farming: Business Elites and the Emergence of the Modern State in Southeast Asia* (New York: Palgrave Macmillan, 1993); James R. Rush, *Opium to Java: Revenue Farming and Chinese Enterprise in Colonial Indonesia, 1860–1910* (Ithaca, NY: Cornell University Press, 1990); Carl A. Trocki, "Opium and the Beginnings of Chinese Capitalism in Southeast Asia," *Journal of Southeast Asian Studies* 33, no. 2 (June 2002): 297–314.

29 Select Committee on Commercial Relations with China, *Report from the Select Committee on Commercial Relations with China*, 278.

30 怡和洋行合夥人馬地臣（Alexander Matheson）和廣州商會（Chamber of Commerce at Canton）秘書斯科特（William Scott）於 1847 年在英中商貿關係專責委員會前作證。馬地臣認為街市餉碼是經公開拍賣售予標價最高者，但斯科特不同意，並指出除鴉片餉碼外，其他所有餉碼（包括街市）都是私下出售。見 Select Committee on Commercial Relations with China, 278。

31 Gary Chi-hung Luk, "Monopoly, Transaction and Extortion: Public Market Franchise and Colonial Relations in British Hong Kong, 1844–58," *Journal of the Hong Kong Branch of the Royal Asiatic Society* 52 (2012): 142–144.

32 Christopher Munn, *Anglo-China: Chinese People and British Rule in Hong Kong, 1841– 1880* (London: Routledge, 2001), 99.

33 "Davis to Stanley," June 13, 1845, 182, CO 129/12, The National Archives, Kew.

34 "Bond: By Agui, Attai and Akow. The Said Agui Has Obtained a Lease of the Central Government Market," July 9, 1845, HKRS149-2-17, Public Records Office, Hong Kong.

35 "Translations of Documents Produced by Wei-Afoo and Others at the Investigation on the 6th July, 1987," July 6, 1847, 262–263, CO 129/20, The National Archives, Kew.

36 "Chow Aqui," 1854, 10757, Carl Smith Collection, Public Records Office, Hong Kong.

37 "Davis to Stanley," June 13, 1845, 183; *The Friend of China and Hong Kong Gazette*, May 28, 1845.

38 "Wei Aqui; Fung A Tai; Chan A Kau," 1845, 13475, Carl Smith Collection, Public Records Office, Hong Kong.

39 "Agreement and Bond: Executed by Akow for the Sum of $500," October 1, 1844, HKRS149-2-5, Public Records Office, Hong Kong.

40 Dafydd Emrys Evans, "Chinatown in Hong Kong: The Beginnings of Taipingshan," *Journal of the Hong Kong Branch of the Royal Asiatic Society* 10 (1970): 69–78.

41 Montgomery, "Report on the Island of Hong Kong," 9.

42 "Acknowledgment of Loo Acqui to Having Received from George Duddell His Original Outlay of $2,500 on the Western Market: The Sum of $2,500 Was Invested by Loo Acqui on the Erection of a Market on a Certain Piece of Ground Situated in Victoria to the West of and Near the Police Station No. 1," August 22, 1844, HKRS149-2-91, Public Records Office, Hong Kong; "A Return of All Lands That Have at Any Time Been Leased, Sold or Granted in Hong Kong Ordered by the Honorable House of Commons on the 31st March 1848," March 31, 1848, 131, CO 129/28, The National Archives, Kew.

43 "Davis to Stanley," June 13, 1845, 182–183.

44 Christopher Munn, *Anglo-China: Chinese People and British Rule in Hong Kong, 1841– 1880* (London: Routledge, 2001), 75–76; May Holdsworth and Christopher Munn, *Dictionary of Hong Kong Biography* (Hong Kong: Hong Kong University Press, 2012), 274–275.

45 Select Committee on Commercial Relations with China, *Report from the Select Committee on Commercial Relations with China*, iv.

46 Select Committee on Commercial Relations with China, 165.

47 Select Committee on Commercial Relations with China, 163.

48 Select Committee on Commercial Relations with China, 163.

49 Select Committee on Commercial Relations with China, 162.

50 William Tarrant, *Hongkong. Part 1. 1839–1844* (Canton: Friend of China, 1861), 36; Luk, "Collaboration and Conflict: Food Provisioning in Early Colonial Hong Kong," 73.

51 "The Central Market Riot," *Hong Kong Daily Press*, June 14, 1873.

52 "Case of Wong Akee Alias Ma Chow Wong," August 9, 1858, 383, CO 129/68, The National Archives, Kew; "Police Intellegence," *Hong Kong Daily Press*, January 31, 1873, 2.

53 Montgomery, "Report on the Island of Hong Kong," 10.

54 John M. Carroll, *A Concise History of Hong Kong* (Hong Kong: Hong Kong University Press, 2007), 24.

55 都爹厘需要向盧亞貴賠償2,500元，因為盧氏在1844年支付了上環街市的工程費用。見 "Loo Aqui," 1849, 32755, Carl Smith Collection, Public Records Office, Hong Kong; "Bonham to Grey," November 23, 1849, 332–333, CO 129/30, The National Archives, Kew。

56 Smith, *A Sense of History: Studies in the Social and Urban History of Hong Kong*, 44; Kaori Abe, *Chinese Middlemen in Hong Kong's Colonial Economy, 1830–1890* (Abingdon, Oxon.; New York, NY: Routledge, 2018), 42; Holdsworth and Munn, *Dictionary of Hong Kong Biography*, 274–275.

57 "Bond for George Duddell: Re George Duddell's Having Obtained Permission to Establish a Market for the Sale of Provisions on His the Said George Duddell's Marine Lot No. 65. Bond By George Duddell, Charles Woollett Bowra & William Addingbrook Bowra For $500," 1850, HKRS149-2-102, Public Records Office, Hong Kong; "Bond: Abdoollah Hareem's Establishment of a Market for the Sale of Provisions on His the Said Abdoollah Hareem's Inland Lot No. 330 for Two Years from 1st January 1851 with Sheik Moosdeen and Mohamet Arab as Sureties. Bond For $300," 1851, HKRS149-2-101, Public Records Office, Hong Kong.

58 Dafydd Emrys Evans, "The Origins of Hong Kong's Central Market and the Tarrant Affair," *Journal of the Hong Kong Branch of the Royal Asiatic Society* 12 (1972): 153–154; Holdsworth and Munn, *Dictionary of Hong Kong Biography*, 428; Munn, *Anglo-China: Chinese People and British Rule in Hong Kong, 1841–1880*, 298–299; Abe, *Chinese Middlemen in Hong Kong's Colonial Economy, 1830–1890*, 41.

59 "Bowring to Stanley," June 11, 1858, 96, CO 129/68, The National Archives, Kew.

60 "Bowring to Russell," September 4, 1855, 225, CO 129/51, The National Archives, Kew.

61 "Bowring to Russell," 225–226.

62 "Bowring to Stanley," June 11, 1858, 96–97.

63 這一要求在 1887 年政府修改新街市條例時被廢除,該條例規定「除枱位和街市職員、差役和搬運工人的宿舍外,不得在任何街市內興建建築物。」見 "The Cattle Diseases, Slaughter-Houses, and Markets Ordinance, 1887," No. 17 of 1887 § (1887)。

64 1867 年後,總登記官(Registrar General)取代了總量地官,負責登記街市房屋和攤檔。

65 "Government Notification No. 57," *The Hong Kong Government Gazette*, June 19, 1858.

66 "Bowring to Russell," September 4, 1855, 226a.

67 "Bowring to Stanley," June 11, 1858, 97.

68 *Historical and Statistical Abstract of the Colony of Hong Kong*, 11; "Government Notification No. 59," *The Hong Kong Government Gazette*, June 29, 1858.

69 "Government Notification No. 69," *The Hong Kong Government Gazette*, May 9, 1857.

70 根據《1866 年維多利亞城登記條例》(*Victoria Registration Ordinance, 1866*),原維多利亞城第六分區黃泥涌被分拆為兩個分區,即灣仔和寶靈頓。維多利亞城的分區總數變成九個。

71 William Frederick Mayers, Nicholas Belfield Dennys, and Charles King, *The Treaty Ports of China and Japan. A Complete Guide to the Open Ports of Those Countries, Together with Peking, Yedo, Hongkong and Macao. Forming a Guide Book & Vade Mecum for Travellers, Merchants, and Residents in General*, ed. Nicholas Belfield Dennys (London: Trübner, 1867), 17.

72 P. H. Hase, *In the Heart of the Metropolis: Yaumatei and Its People* (Hong Kong: Joint Publishing HK Co., 1999), 101.

73 Pui Yin Ho, *Making Hong Kong: A History of Its Urban Development* (Cheltenham, Gloucestershire: Edward Elgar Publishing Limited, 2018), 17.

74 "Proclamation: New Market at Yau Ma Ti," *The Hong Kong Government Gazette*, July 16, 1879.

75 "Yau Ma Tei Market," 1879, 170191, Carl Smith Collection.

76 "Yau Ma Tei Market."

77 "Government Notification No. 191," *The Hong Kong Government Gazette*, April 22, 1882.

78 該地圖副本收藏於 *Map of Central and Western Victoria (1887)*, 1887, HG27.2, Hong Kong Lands Department.

79 "Report of the Director of Public Works for the Year 1913," in *Administrative Reports for the Year 1913* (Hong Kong: Government Printer, 1914), P43.

80 Osbert Chadwick, *Mr. Chadwick's Reports on the Sanitary Condition of Hong Kong; with Appendices and Plans* (London: George E.B. Eyre and William Spottiswoode, for Her Majesty's Stationery Office, 1882), facing 58.

81 *Plan of the City of Victoria, Hong Kong, 1889*, 1889, HG28.6, Hong Kong Lands Department.

82 "Tenders for Repairs of Tai Ping Shan Market: Estimate of Costing Attached," 1893, HKRS149-2-710, Public Records Office, Hong Kong.

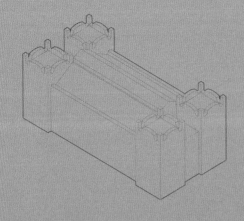

02

第二章　公眾街市與衛生管制

2.1 瘟疫爆發與改善衛生的需求

華人聚居地和街市衛生欠佳的情況

自從被英國佔領以來，香港一直飽受各種傳染病困擾。1841和1842年爆發的瘧疾及1843年爆發的「香港熱病」（Hong Kong Fever）嚴重危害駐港英軍的健康。[1] 1843年，在1,526名駐港外籍士兵當中，有440人病死。同年入院的人數達到7,893人次，代表平均每名士兵每年入院五次以上。[2] 在1848年，駐港外國軍隊的死亡率高達20.43%，而華人的死亡率僅為0.65%。[3] 有些香港殖民地官員將疾病頻生歸咎於維多利亞城不健康的生活環境，尤其是在太平山區，大多數華工居住在黑暗、通風不良、欠缺適當排汲水系統的房屋中。1854年，太平山區骯髒的環境震驚了總醫官（Colonial Surgeon）丹士達（J. Carroll Demster）。他指出：

> 小巷（非街道）最令人反感，那裏幾乎總是安放了牛棚、豬圈、停滯的水池、各種污物的容器，它們對人造成滋擾，而且長時間無人處理。這個地區有兩個大排水渠，最令人感到厭惡。這些排水渠接收該區所有垃圾。它們大部分都露天而建（除了橫跨馬路的部分），人們隨便棄置各種污穢物在渠中，整條排水渠散發出有害臭氣。荷李活道西端的房屋甚為骯髒，路過的洋人紛紛投訴有惡臭（穿過牆壁）傳出。[4]

雖然丹士達向政府提議改良排汲水系統，以及改善通風和地方清潔，但總督寶靈否決了他的建議。寶靈堅稱香港比起大多數中國城市以及其他亞洲本地人聚居的地方，已經非常整潔。[5] 丹士達之後的數任總醫官，在他們的年度報告中多次促請殖民地官員關注香港不健康的居住環境。然而，在任總督多數都認為任何改善衛生的措施皆會干涉華人的風俗習慣，因此不理會衛生官員的告誡。[6]

公眾街市的衛生情況與維多利亞城的華人聚居地同樣惡劣。在1867年撰寫的一本旅遊指南指出：「（香港）大部分商店都坐落在華人街區，即使女士們想親自購物，該處的骯髒環境和中環街市本地常客的粗魯行為，使她們無法前往這些地方。」[7]《德臣西報》(The China Mail) 亦稱：「逛中環街市或會引發絞痛和傷寒」，又批評：「皇后大道上主要供應市內糧食的街市，是我們文明管治的恥辱」。[8]

收到香港總醫官多年來的投訴後，英國殖民地部終於在1881年委派工程師查維克（Osbert Chadwick）調查香港的環境和公共衛生問題，及提出改善方法。查維克是前皇家工兵團工程師，亦是維多利亞時代重要的衛生改革家查維克（Edwin Chadwick）之子。他分別於1881年、1892年和1902年三度造訪香港，並在第一次訪港後完成一份名為《香港衛生狀況報告》(Report on the Sanitary Condition of Hong Kong) 的詳盡調查報告。

在該報告其中一個部分，查維克強調保持公共街道清潔的重要，尤其是像香港這樣的城市，街道特別狹窄，妨礙了人們吸收新鮮空氣和陽光。然而，買賣食品的小販們嚴重影響公共街道的清潔。小販將攤檔開在街道兩旁，令街道變得更加狹窄，亦因此難以妥善地打掃通道兩旁的地方和溝渠。售賣熟肉的小販亦經常阻礙道路，他們使用的容器有肉漿和污水流出，把地方弄得一團糟。[9]

查維克認為，小販帶來街道滋擾，是因為香港的公眾街市缺乏讓商販買賣的空間。他指出：

> 街市設施的數量和質素均不足夠……據我所知，中環街市完全被正規商販所租的攤檔佔據，沒有空間讓農民帶蔬菜來販賣。中環街市內太多地方被大型的石枱位和石柱所佔，阻礙清潔。[10]

查維克批評香港的街市環境，特別是中環街市。因此，他建議政府重建中環街市。他提議新建的街市應蓋上雙層鐵製屋頂，並用鐵柱支撐。街市應設置合適的枱面讓商販放置和出售食物，地面應鋪上瀝青，以便清潔。查維克還強調，政府不應再容許商販在街市的檔位和枱面上睡覺。[11]

潔淨局的成立和鼠疫爆發

查維克提倡全面改革香港的衛生和住屋狀況。可惜的是，政府未有落實查維克的大部分建議，但卻採納了他關於需要成立一個潔淨局處理香港衛生事務的這項提議。政府在 1883 年 4 月 18 日成立潔淨局，成員由五人組成：總量地官（作為潔淨局主席）、總登記官（Registrar General）、總醫官、緝捕官（Captain Superintendent of Police）和衛生督察（Sanitary Inspector）。[12] 衛生督察為新職位，在潔淨局的引導和指示下履行其職責。其後，政府在 1887 年頒佈《公共衛生條例》（*The Public Health Ordinance*），並重組潔淨局成員。除衛生督察被調離潔淨局外，潔淨局加入六名非官守成員，其中四人（兩人為華人）由總督委任，另外二人經納稅人投票選出。可是，潔淨局自成立以來，成員之間有很大分歧，因為洋人和華人經常就衛生標準和保持衛生的方法持不同看法。

1887 年實施的《公共衛生條例》授權潔淨局在隨後的幾年制定一系列附例，以紓緩人多擠逼問題、規定在私人住宅設置適當排水渠、拆卸不適合人居住的房屋等。這些附例一旦通過，會損害華人地主的利益，尤其是與改善住房標準有關的附例，因為地主必須將擁擠的房屋改建，令其達到政府可接受的標準。[13] 一些租戶亦擔心改善住屋狀況會令租金增加。潔淨局華人非官守成員何啟與地主們關係密切，在他強烈反對下，政府未能採取任何實際行動，以解決太平山區的衛生和擠逼情況，附例的制定因此一拖再拖。[14]

1894年，環境衛生惡劣令維多利亞城無法抵抗鼠疫橫行。鼠疫始於雲南，蔓延至廣州，最終於1894年3月傳到香港，在隨後的一個月，在人多擠逼的太平山區大規模爆發。香港在1894年5月宣佈成為疫埠，到6月時，死亡人數已達2,442人。[15]

為了阻止鼠疫傳播和改善維多利亞城的衛生狀況，政府採取了嚴厲的措施。立法局於1894年9月通過了《太平山土地收回條例》（*Taipingshan Resumption Ordinance*），允許政府徵收太平山區內一大範圍的物業及驅逐當中的居民。徵收範圍東至樓梯街，南至堅巷和律打街，西至普仁街，北至太平山街。徵收所有房屋之後，政府拆毀整個街區。[16] 興建於1858年的太平山街市是其中一棟於徵收範圍內被清除的建築物（圖2.01）。

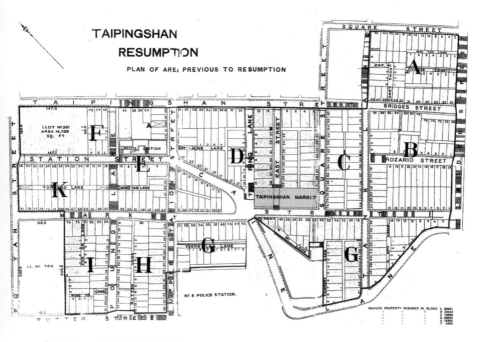

圖 2.01 太平山區徵收範圍。
("Insanitary Properties Resumptions," in *Sessional Papers 1905* [Hong Kong: Government Printer, 1905].)

太平山的徵收範圍被清理，讓政府可以重新劃分地段和擴闊街道、降低建築物密度、增加公共空間及安裝適當的排汲水系統。已拆除的太平山街市原址，成為疫情後所建的卜公花園一部分。當時太平山街市所在的街市街，在街市被拆除後改名為「普慶坊」。

為了斷絕鼠疫傳播，政府於1902年第三度邀請查維克到訪香港，提出實際方法處理維多利亞城華人聚居地內的劣質房屋。查維克帶同英國倫敦國王學院衛生學教授辛普森（William John Ritchie Simpson）同行。[17] 兩位專家撰寫了一份報告，針對改善香港房屋質素、改善供水系統和整頓衛生。他們亦建議重組潔淨局，加入一名受過醫學培訓的全職政府官員，作為潔淨局主席和潔淨署署長，並直接向政府問責。政府將他們的建議納入《1903年公共衛生及建築條例》（*The Public Health and Buildings Ordinance, 1903*），並在同年12月對條例作出修訂，主要涉及重組潔淨局。[18] 結果，潔淨局主席從在任總量地官改為由首席民事醫務官（Principal Civil Medical Officer）擔任，他亦同時出任潔淨署（Sanitary Department）行政署長。[19] 自此，潔淨署取代工務司署負責管理公眾街市以及註冊和出租街市攤檔。[20]

2.2　興建符合新衛生要求的街市

1894年爆發的鼠疫對香港造成長達三十多年的嚴重損害。由1894到1931年，香港約有五千人死於鼠疫，同時有八萬多名華人因恐懼疫情而離開香港。這是促使政府正式推行衛生改革的轉捩點，而其中一項措施就是興建新街市。正如查維克在其1882年的報告中明確指出，香港的街市空間既不足夠，衛生又差。1883年，總督寶雲（George Ferguson Bowen）形容中環街市是「任何英國城市的恥辱」。[21] 總量地官及潔淨局主席裴樂士（John MacNeile Price）亦指出中環街市「在殖民地最早期建成，它最初的設計並不完善、構造差，而且造價低。直到現在，街市已經變得殘舊不堪，再進行任何維修工程都是徒然的，除非將整棟街市拆卸，由另一棟符合現代理念的街市建築物取而代之」。[22] 潔淨局在1883年成立後，建議政府重建中環街市，並開始大規模改善香港街市設施。

工務司署的成立

工務司署是負責設計和興建公眾街市的政府部門。工務司署正式成立的確切年份不詳。香港政府檔案處的館藏檔案有一備註說明：「總量地官一職在1844年5月9日首次設立。『測量署』（Survey Department）一名在1871年開始使用，在1883年更名為工務司署。」[23] 這項備註似乎並不正確，「工務司署」一詞早在1870年代下半葉，已出現於一些政府函件和記錄中。例如在1876年11月，當時的總量地官向輔政司匯報他本人和政府花園監督（Superintendent of Gardens）就香港公眾花園規管問題發生的糾紛。他強調花園監督「作為工務司署的員工」，必須「在署長即總量地官的監督和指示下，在香港各處履行其職責」。[24] 此外，《孖剌西報》（*Daily Press*）在1877年3月1日報導：「工務司署已完成或開展眾多項目。」這證明工務司署在1883年前已經存在。

「工務司署」、「測量署」和「總量地官署」等名稱在1870至1880年代很有可能互相通用。例如總量地官布朗（Samuel Brown）在提交立法局的1890年工務報告中，稱其所屬部門為「工務司署」。[25] 然而，接任布朗的署理總量地官在1891年的報告中，卻用上「總量地官署」一名。[26] 為避免混亂，政府在1892年公告，將「總量地官署」、「總量地官處」或任何類似的名稱，統一更改為「工務司署」。總量地官一職亦同樣地更名為「工務司」（Director of Public Works）。[27]

由於香港所有公共工程都需要使用公款，政府於1884年在立法局之下成立工務委員會（Public Works Committee），以「率先審查每項議案的細節和相關措施」。[28] 該委員會由總量地官（作為委員會主席）以及四名成員組成。[29] 任何興建新街市的方案將由工務委員會審議。

1889 至 1913 年間興建的公眾街市

隨着1883年潔淨局成立及1894年鼠疫爆發，政府開始在香港增設街市。在1889至1913年間，政府興建了12個新街市，其中6個位於維多利亞城外，反映了人口擴展情況。這段時間的公眾街市分為兩大類。第一類是開放式街市，已在香港沿用數十年。第二類是首次引入香港的多層街市（表2.1）。

表 2.1　1889 至 1913 年興建的街市類型			
落成年份　　　　　　街市	多層街市	開放式街市	設計不詳
1889　　　　　　紅磡街市		•	
1895　　　　　　中環街市	•		
1898　　　　　　大角咀街市			•
1905　　　　　　芒角咀街市		•	
1905　　　　　德輔道臨時街市		•	
1906　　　　　北便上環街市	•		
1908　　　　　　西灣河街市		•	
1911　　　尖沙咀街市（九龍街市）	•		
1912　　　　　　香港仔街市		•	
1913　　　　　　堅拿道街市			•
1913　　　　　　海旁東街市			•
1913　　　　　南便上環街市	•		

在這12個街市當中，至少有5個採用了簡單的開放式設計：紅磡街市、芒角咀街市（即旺角街市）、西灣河街市、香港仔街市及德輔道臨時街市。它們全部都是維多利亞城外地區的小型街市（圖2.02、2.03）。與較早建成的開放式街市（見第一章1.5節）相比，在1889至1913年間落成的街市均蓋有以筒瓦鋪砌的大型坡屋頂（圖2.04）。由於它們採用黑色四坡屋頂和紅色素面磚柱，色彩對比十分鮮明。當中例外的是德輔道臨時街市，因屬臨時性質，所以用木材搭建。[30] 雖然缺乏有關大角咀、堅拿道及海旁東街市設計的資料，但這三個街市規模細小，極有可能也是採用開放式設計。

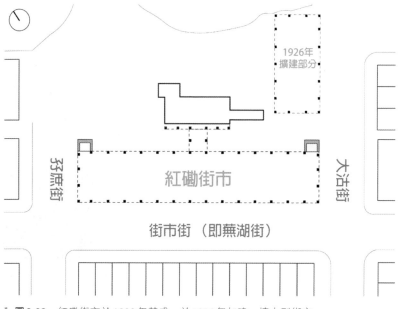

▌圖 2.02　紅磡街市於1889年落成，於1926年加建一棟小型街市。

圖 2.03　舊明信片的右方為紅磡街市。

圖 2.04 西灣河街市有一個蓋有筒瓦的大型四坡屋頂。
(P1973.448, n.d., photograph, Hong Kong History Museum.)

芒角咀及香港仔街市有較詳盡的資料，可讓我們更深入了解這段時間的開放式街市設計。芒角咀街市於1905年竣工，坐落於現今亞皆老街和廣東道交界、由填海得來的土地上。開放式的小屋內有20個魚和肉檔、20個蔬果檔。這個街市呈方形，蓋有一四坡屋頂，上面鋪了筒瓦（圖2.05）。外牆用紅磚築砌，地板則以石灰和水泥混凝土製成，再以水泥砂漿覆蓋。此外，街市附近建有一間小儲物室。[31]

▌圖 2.05　舊明信片顯示芒角咀街市（圖右）採用黑色大型四坡屋頂。

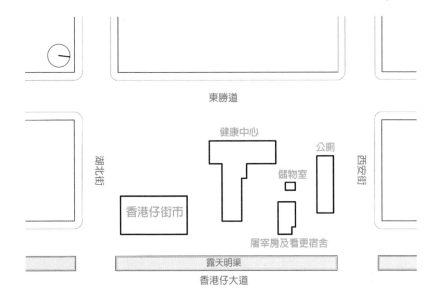

圖 2.06　位於香港仔的政府建築群。

　　香港仔街市坐落於香港仔大道與湖北街交界，面對一條明渠。此街市於1912年竣工，是一個面積為61乘32呎的開放式建築物。這個街市屋頂以雙筒雙瓦鋪砌，由紅磚柱支撐。紅磚柱皆以石灰砂漿黏合並以水泥勾縫。街市有10個肉檔、10個魚檔、14個菜檔和4個家禽檔。香港仔街市屬於一個政府建築群的一部分，該建築群包括一座街市、一個屠宰房及看更宿舍、一個公廁，在1951年再增設一個健康中心（圖2.06）。[32] 香港仔街市是香港最後一個蓋有筒瓦屋頂的開放式街市，其後所有開放式街市皆蓋上混凝土平屋頂，這會於第三章3.3節詳述。

2.3 四個愛德華時代建築風格大街市

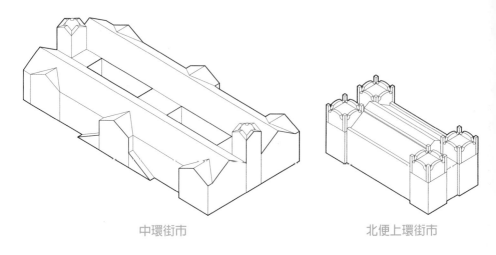

中環街市　　　　　　　　　　北便上環街市

▌ **圖 2.07**　比較四所大型多層街市的形狀與體量。

　　除了開放式街市之外，工務司署亦於 1895 至 1913 年期間，在香港興建四座多層街市（圖 2.07）。舊中環街市在同一位置上重建。舊上環街市則由兩所分別命名為「北便上環街市」和「南便上環街市」的新街市取代。尖沙咀街市是唯一興建於維多利亞城外的多層街市，坐落於威菲路軍營附近。

　　這些多層街市興建的時段與愛德華時代大致同期，是英國在建築方面獲得卓越成就的年代。愛德華時代建築是維多利亞時代與現代美學之間的過渡時期，見證人們首次採用現代建築技術和材料。雖然愛德華時代建築受到美術工藝運動及英國巴洛克復興風格影響，但其設計種類豐富，並且盡量減少採用標準化的細部。建築師可能會同時採

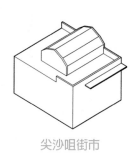

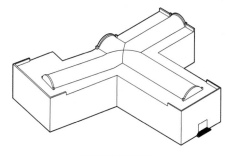

尖沙咀街市　　　　　　　南便上環街市

用多種建築風格，以求找到最適合其設計的式樣，而不會受某一風格或某些習慣所限制。[33]

　　這四個香港多層街市在不同程度上受到愛德華時代建築風潮影響。四個街市的外牆全部採用紅磚和花崗岩，顏色一致，令外觀有一定的統一性。紅磚外牆內均配搭上金屬框架結構。雖然四個大街市均採用西方建築式樣，但各個街市的建築體量和外觀，會因應各自基地情況、攤檔數量和內部空間佈局而產生不同的設計和效果。這四座街市在規模、衛生標準和建築設計方面均比香港之前所落成的街市優勝，為香港公眾街市立下新的設計標準。

中環街市（1895）

第二代中環街市在1858年因應《街市條例》生效而落成，是當時政府街市興建計劃所包括的六個街市之一。該街市位於一塊斜坡上，夾在兩塊私人土地中間，只能從斜坡高低兩端入口進入街市，基地兩端有着大約15至20呎的高度落差。但街市兩端均建有一些私人房屋和店鋪，幾乎遮蓋了整棟街市建築，阻礙其通風，僅留有狹窄通道予街市入口。為了促使新街市落成，政府在1883年動用15萬元徵收中環街市兩端的13幅私人土地（圖2.08）。[34] 當那些私人房屋被移除後，新街市便得以面向海濱和皇后大道。

中環街市原址呈不規則四邊形。工務司署希望將該地皮拉直，使其能夠容納一個長方形的街市建築。為此，政府需要收購相鄰海旁地段18號的一部分土地，但地段持有人英國鐵行輪船公司只同意出售整塊地皮（圖2.09）。完成土地交易後，政府重新擬訂中環街市的邊界，新址面積達到51,274平方呎。政府在街市的兩側新開了兩條街道，分別名為「域多利皇后街」和「租庇利街」。從此，中環街市被四條公共街道所包圍（圖2.10）。政府扣除新街市所佔用的土地後，把海旁地段18號剩餘的土地轉賣給英商遮打（Catchick Paul Chater）。[35]

由於政府花費了大量金錢和時間，來徵收私人房屋和收購鐵行輪船公司的地皮，中環街市項目進展非常緩慢。庫務司（Colonial Treasurer）亦表示難以撥出政府公帑或申請借貸興建該新街市。街市工程屢被拖延，惹來《德臣西報》在1886年嚴厲批評。該報質問：「是否仍然有一千二百多人，每晚睡在處理和售賣食物給我們的地方？」又質疑：「政府何時會為香港其他業主樹立榜樣，停止從不適合人居住的樓房賺取收入？」[36]

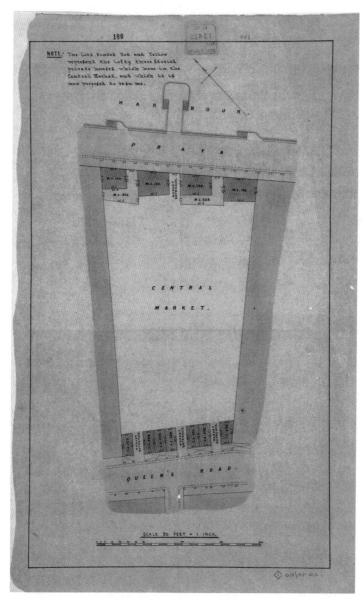

圖2.08 政府徵收在中環街市地皮兩端的13幅私人土地（圖中所顯示的粉紅色和深黃色地塊）。
(*New Central Market Hong Kong*, 1883, CO 129/210, The National Archives, Kew.)

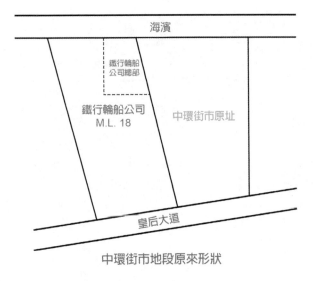

海濱

鐵行輪船
公司總部

鐵行輪船公司
M.L. 18

中環街市原址

皇后大道

中環街市地段原來形狀

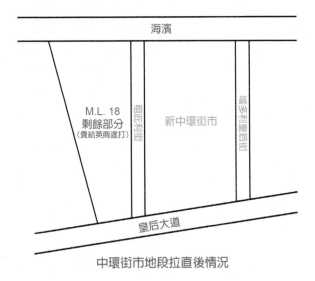

海濱

M.L. 18
剩餘部分
（賣給英商遮打）

租庇利街

新中環街市

域多利皇后街

皇后大道

中環街市地段拉直後情況

圖 2.09　中環街市地段拉直前（上）和後（下）。
（參考 "Bowen to Holland," March 21, 1887, 493–494, CO
129/231, The National Archives, Kew。）

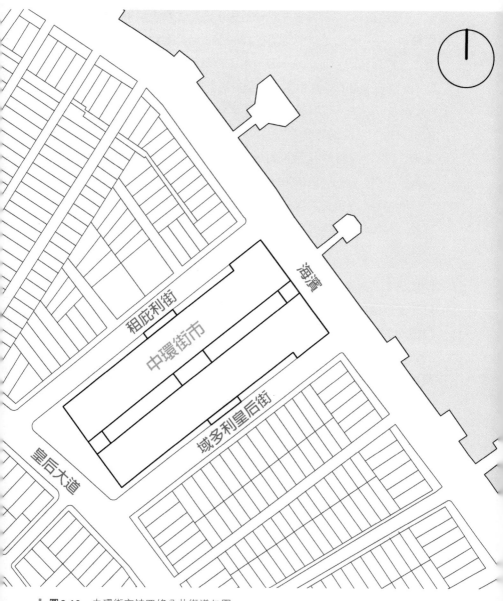

租庇利街

中環街市

海濱

域多利皇后街

皇后大道

圖 2.10 中環街市被四條公共街道包圍。

《德臣西報》的評論並非無的放矢，政府工務工程確實經常因資金短缺和人手不足而延誤。布朗在1889年擔任總量地官一職時，工務司署內並無建築師。布朗是一名土木工程師，在填海項目方面有豐富經驗。他上任後隨即為新中環街市擬訂設計圖，但卻被總督德輔（William Des Voeux）否決。布朗本人並非專業建築師，其建築設計能力不但被德輔質疑，立法局議員韋克（Thomas Henderson Whitehead）也公開評論道：「過往經驗令我對布朗先生在樓宇建築方面的看法無很大信心。」[37] 於是，政府在1890年委任著名英國建築師威爾斯（Herbert Winkler Wills）為工務司署的建築助理。[38] 威爾斯並非只參與中環街市項目，同時亦為香港政府其他工程提供建築設計意見。

　　布朗希望威爾斯能夠在不改動他已擬訂的中環街市整體建築圖則的情況下，改良街市的美感和室內佈局，因為街市的地基工程已經開展，地板的鐵材亦已訂購。可是威爾斯嚴厲批評布朗的建築圖則，並提出一個全新的街市設計方案。[39] 布朗與威爾斯因中環街市設計上的分歧而關係破裂。[40] 布朗認為建築助理一職是隸屬總量地官，因此威爾斯應遵從他的指示。相反，威爾斯認為他是「政府的建築顧問」，所以「應該在自己專業的範疇上擁有全部權力」。[41] 由於威爾斯覺得他的專業意見被總量地官忽略，他在1891年6月辭去職務。

　　在威爾斯離職及新總督白加（George Digby Barker）上任後，布朗的中環街市設計經當時身兼立法局工務委員會和潔淨局成員的何啟改動後，於1891年被採納。[42] 然而，布朗不幸地於同年離世，於是中環街市項目改由政府工程師漆咸（William Chatham）負責，漆咸後來在1901至1921年間擔任工務司。[43] 中環街市上蓋工程合約由承建商陳亞東（Chan A Tong，又譯「陳阿堂」）投得。[44] 陳亞東公司在1883年開始營業，被委託興建很多香港的主要建築和基建項目，包括最高法院、新船政署、大埔的政府建築物、電車路及發電站、大潭水塘、太古煉糖廠水塘以及大部分太古洋行在鰂魚涌的物業。該公司在黃埔有一個磚廠，而且在鯉魚門擁有自己的採石場，為海旁填海工程供應石材。[45]

　　新的中環街市在外觀和內部佈局上均採用對稱設計。街市由南座和北座組成，由皇后大道一直延伸至海濱。各座兩端採用交叉坡屋頂（cross gable roof）。靠近海濱一端的交叉坡屋頂和山牆稍微突出建築物主體，而近皇后大道一端的則幾乎與建築物主體拉平。兩個作為街市側入口的門廊，分別開設在域多利皇后街和租庇利街。南北座在兩端各由一主塔樓將兩座各層相連，中間亦有一有蓋走廊連接，兩座之間因此留有兩個天井，將空氣和自然光引入街市內部。鄰接南北兩座的主塔樓採用圓穹屋頂，四面有三角山牆裝飾（圖 2.11）。

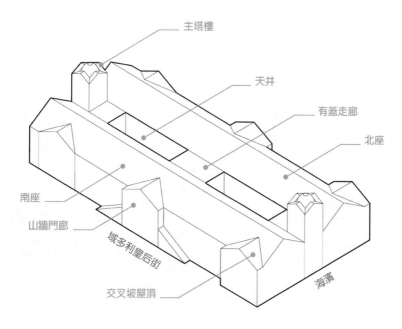

▌圖 2.11　中環街市由南北兩座組成，兩端各由一主塔樓連結。

面向海濱的一面，有兩排拱廊形成一個退縮門廊，而向着皇后大
道的一面則設有三條架空樓梯，兩條通往街市上層，一條通往下層。
兩座正面的山牆上均開有一個有石砌緣飾的牛眼窗。中環街市的外牆
由紅磚砌成，飾有花崗岩石。外牆的粗琢石基上有壁柱裝飾。所有外
牆的門窗均有粗石面的吉布斯窗套或門套裝飾（Gibbs surround），是當
時英國流行的建築細部（圖2.12）。

圖2.12 　中環街市向海濱（左）及皇后大道（右）的一面。
(*Central Market 1895. View from Praya*, 1895, photograph, CO 1069-446-25, The
National Archives, Kew; *Central Market 1895. View from Queen's Road*, 1895,
photograph, CO 1069-446-27, The National Archives, Kew.)

南北兩座各有兩層，每座長296呎、闊50呎。下層的主入口位於海濱，上層主入口則開設在皇后大道。因此，中環街市可理解為由四個獨立街市組成。每個街市都有一條闊20呎、貫穿整個樓層的主要通道。四個街市的主要通道兩旁均設有店鋪和檔位。[46]北座下層有蔬菜檔、魚檔、豬肉檔各50個，上層則有46個家禽店。南座下層有46個專門批發鮮魚和蔬菜的店鋪，上層則有20個生果店和26個牛羊肉店（表2.2）。主塔樓為街市督察和看更提供宿舍。

表 2.2　中環街市的空間規劃					
北座			南座		
	數量	面積	種類	數量	面積	種類
上層	46	19 × 12 呎	家禽店	26	19 × 12 呎	牛羊肉店
				20	19 × 12 呎	生果店
下層	50	6 × 6 呎	蔬菜檔	44	15.5 × 12 呎	鮮魚批發店和蔬菜批發店
	50	6 × 6 呎	魚檔	2	23.75 × 12 呎	鮮魚批發店
	50	6 × 6 呎	豬肉檔			

（參考 "Report of the Director of Public Works for 1895," in *Sessional Papers 1896*, 199。）

　　中環街市的店鋪和檔位經過精心設計，以便銷售不同食物。蔬菜檔設有幾層貨架供陳列貨品。豬肉檔及牛羊肉店則裝有鐵欄和鐵鉤，以便商販將肉類掛起出售（圖 2.13）。魚店和魚檔首次加設水缸，供商販售賣活魚，是香港公眾街市前所未有。在中環街市落成後幾個月，工務司署因應潔淨局的要求，在兩座之間的有蓋走廊增設一個家禽屠宰及去毛房間，使中環街市成為首個備有家禽屠宰設施的公眾街市。這個家禽屠宰房成為後來所興建街市的標準設施。[47]

　　中環街市於 1888 年 5 月 23 日開始施工。[48] 如查維克在其 1882 年報告所指，舊中環街市內太多地方被大型的石枱位和石柱所佔，阻礙清潔。新中環街市根據查維克的建議，以生鐵柱和熟鐵樑支撐。金字屋頂由間距 12 呎、跨度 51 呎的熟鐵桁架支撐，中間裝有木檁條，上面鋪上雙筒雙瓦。地板則由混凝土製成，並以水泥鋪面。

圖 2.13　上層的店鋪（上）及下層的檔位（下）。
(*Central Market 1895. Shops Upper Floor,* 1895, photograph, CO 1069-446-30, The National Archives, Kew; *Central Market 1895. Retail Stalls Ground Floor*, 1895, photograph, CO 1069-446-29, The National Archives, Kew.)

中環街市於1895年5月1日開放予公眾。[49]《香港週報》(*The Hong Kong Weekly Press*)報導了街市的開幕情況：

> 它的建築特色當然未足以得到建築大師拉斯金 (John Ruskin)[50] 先生稱許，但建築特色對街市這類建築物而言並不重要，我們最關注的是其內部設計。這棟街市在各方面都能滿足其興建的主要目的。街市寬敞、通風良好、結構堅固，並且為檔主和顧客提供足夠空間 …… 在生意興旺的地方一逛，也不會發覺任何異味惡臭。街市室內肯定比室外街道涼快。[51]

《香港週報》在總結表示，希望華人明白時刻保持街市清潔的好處。可是，潔淨局在管理街市期間遇到許多困難。在中環街市開業後，有些店主強烈反對規例禁止他們將店鋪用作店員的居所。潔淨局拒絕他們的請願後，那些店主聲稱他們的物品被盜竊。為免店主們以此作為在街市過夜的藉口，潔淨局聘請了兩名夜更看更，看守中環街市。[52] 由於中環街市依靠窗口的自然光照明，有些檔主需在其攤檔加設油燈和煤油燈，供晚上照明之用。[53] 幾年後，有潔淨局成員發現一些華人苦力夜間在街市魚缸沐浴。這引起局方關注員工濫用設施會否損害街市衛生，以及潔淨署有否適當管理和巡查中環街市。[54]

新填海區的北便上環街市（1906）

舊上環街市與舊中環街市一樣，在1858年因應政府實施《街市條例》而興建。該街市隱藏在連接文咸東街、摩利臣街和皇后大道的幽暗小巷之中，幾乎完全被私人房屋包圍。該街市由很多簡陋、陳舊的小棚寮和小店組成。有潔淨局成員形容上環街市為「市內最骯髒和污穢的地方」。[55] 雖然舊街市在1896年進行全面維修，但規模仍然太小，未能滿足人多的港島西區的需求。[56]

在政府原本於1896年擬訂的計劃中，舊上環街市會被拆卸，新街市會在永樂街船政廳（Harbour Master's Office）現址上興建。當時政府正進行中上環的海旁填海計劃（Praya Reclamation Scheme），完成後原本靠近海邊的船政廳便會失去臨海優勢。故此，政府計劃將之搬到位於新填海區的新總部。因此，新上環街市便需待填海計劃完成和新船政廳總部落成後，方可開始施工。[57] 可是政府在1900年改變計劃。為了避免急需的新上環街市工程再被推遲，工務委員會委任了一個小組委員會，重新考慮新街市位置。該小組委員會決定將街市興建在海旁填海區內的一塊臨海地段上，即舊船政廳北面。[58]

政府意識到僅僅一所新街市未能滿足人多的港島西區對街市的巨大需求，因此需要興建第二所街市。起初，工務委員會提議一旦舊船政廳最終能搬到新總部，就在其永樂街現址上興建一所附屬街市。[59] 可是，潔淨局基於該地皮面積太小，推翻委員會的提議，反而建議在原址重建上環街市，並得到政府支持（圖2.14）。[60]

圖2.14 北便上環街市和南便上環街市的位置。

▎ 圖2.15　北便上環街市巧妙地採用紅白二色。

1906年於海旁填海區內落成的新街市，最初名為「新上環街市」，後來改名為「北便上環街市」，以區分此街市和在上環街市舊址重建的另一街市。北便上環街市由工務司署工程師費沙（Henry George Corrall Fisher）設計，他亦是英國皇家建築師協會（Royal Institute of British Architects）會員。[61] 該項目因工務司署人手不足而延遲，工務司署職員經常忙着處理香港其他重要的工程項目，未能抽空處理北便上環街市。[62] 整個工務司署只有四個監工有足夠資格監督新建築項目，因此需要另外聘請一名歐亞裔臨時監工，監督上環街市的地基工程。[63] 地基工程完成後，街市的上蓋結構由林柳創立的生利公司（Sang Lee & Co.）承造。[64] 林柳曾任職工務司署多年，熟悉政府工程的投標程序，他與前工務司署的同事組成生利公司，投得多項政府工程合約。生利公司亦參與興建香港總督山頂別墅、郵政總局、七號差館、堅尼地城牛棚、山頂明德醫院、大潭篤水塘，以及眾多私人住宅。[65]

在工務司署所興建的四座多層街市中，北便上環街市雖然並非規模最大，設計卻最精緻。街市的外觀採用對比強烈的紅白二色，帶來豐富的視覺效果（圖2.15）。街市的外牆以廣州紅磚築砌，外面以廈門磚裝飾，牆基則以花崗岩鋪砌。外牆的一些建築裝飾被塗上白色。《南華早報》讚揚街市的磚砌構造，認為是「殖民地（香港）最好的」，又稱本地只有少數建築物有如此高質素的磚砌技術。[66]

北便上環街市採用對稱設計。這街市有兩翼，每翼兩端各豎有一棟角樓（圖2.16）。四個角樓配上荷蘭式山牆，兩旁以紅磚和白灰泥組成的橫間砌磚裝飾，顏色對比鮮明。連接兩翼的中央部分有一個多層中庭，兩端各開一個設計相同的主入口，因此形成了一條貫穿街市的通道。主入口是個寬大的花崗岩弓形拱門，門上開有三扇拱形窗，各以白色的半圓拱、拱頂石和帶有塔斯卡尼柱式的附牆柱裝飾。街市正面開了多排弓形拱窗，讓充足的自然光和空氣穿透至室內。這些窗口大部分都裝有金屬護欄或木製百葉簾，後來才裝上玻璃（圖2.17）。

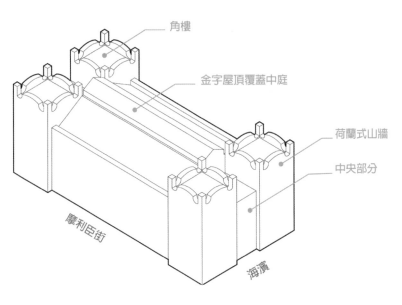

角樓

金字屋頂覆蓋中庭

荷蘭式山牆

中央部分

摩利臣街

海濱

▌ **圖2.16**　北便上環街市。

圖 2.17 北便上環街市現況。

　　除了兩個主入口，街市另外還有六個寬闊的側入口，設置在建築物兩邊，每邊各有三個。這三個入口組成拱廊其中一部分，該拱廊有五個半圓形拱門和拱窗，並以紅、白相間放射性花紋裝飾（圖 2.18）。拱廊上開有一排弓形拱窗。

　　北便上環街市是香港首個設有室內多層中庭的街市。覆蓋中庭的屋頂為金字形，以鋼桁架和鋼檁條支撐，上面鋪砌雙筒雙瓦（圖 2.19）。金字屋頂的山牆上開了一個帕拉第奧窗（Palladian window）。屋頂跨度為 70 呎，可能是香港當時最大的鋼結構屋頂。街市的地板由水泥混凝土造成，並以生鐵柱和鋼樑支撐。[67]

圖 2.19 中庭（左）及以鋼桁架和鋼檁條支撐的金字屋頂（右）。

　　街市有兩個主要樓層，以四條大型石樓梯連接。地下專門出售家禽，以批發為主，有12個大型家禽店、一個家禽屠宰房、一間大商店、一個機房、一個督察辦公室和廁所。一樓專門賣魚，有14個批發商店、67個零售魚檔和2個用來存放活魚的房間。街市每端都建造了一個夾層供街市督察、看更和苦力使用。街市亦設有貨幣兌換檔。

　　北便上環街市與中環街市的落成時間相距11年，所以比後者有更先進的設施和裝備。街市的石油發動機將水由井抽到屋頂的兩個大水箱，供街市清潔之用。街市用傑森燈（Kitson lights）照明，員工宿舍則用煤氣燈。北便上環街市於1906年7月竣工，並交予潔淨局。[68]

　　北便上環街市是香港現存最古老的公眾街市建築，在1989年停止運作。政府於1990年將該建築物列為法定古蹟，並在1991年參考倫敦柯芬園（Covent Garden）的改建計劃，將北便上環街市改造為購物中心，更名為「西港城」。改動工程由建築師何弢負責。

尖沙咀街市（1911）

即使受疫情困擾，九龍的人口在19世紀末仍錄得大幅增長，由1881年的9,021人增至1891年的19,997人。[69] 但九龍區只有油麻地街市（1879）、紅磡街市（1889）、大角咀街市（1898）和芒角咀街市（1905）四所街市服務當地居民。為了滿足日益增長的人口需求，有迫切需要在尖沙咀一個方便的位置上興建新街市，於是立法局在1908年就此撥款。[70]

尖沙咀街市（有時稱為九龍街市）位於北京道與廣東道交界，在水警總部正北面。根據工務司署原本的設計圖，街市分為東、西兩個部分，計劃在不同階段興建（圖2.20）。東面的一部分在1911年竣工，但西面另一部分卻從未動工。建築物因此看似半成品，其正立面設計、空間佈局和建築體量都不對稱。尖沙咀街市的承建商是合興（音譯，英文名為「Hop Hing」）。

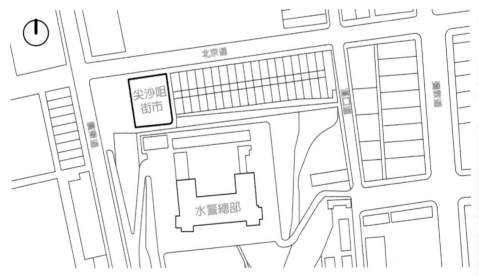

▍ 圖2.20　尖沙咀街市位於水警總部北面。

圖 2.21 尖沙咀街市最終只落成東面一半部分。
(C. Y. Yu, *The New Tsim Sha Tsui Post Office in Peking Road Will Be Officially Opened This Weekend. The Red-Brick Structure Was Reconstructed from a 50-Year-Old Market*, March 7, 1979, photograph, South China Morning Post via Getty Images.)

　　尖沙咀街市呈長方形。街市外牆由廣州紅磚和廈門磚築砌。向着北京道的正面以磚刻浮雕作裝飾。街市開了三個大拱形入口，入口上方開了一排裝上鐵護欄的方形大窗，為街市提供自然光和通風。樓梯的外牆上則開了一個飾以窄長拱頂石的牛眼窗。街市向東的牆角以隅石（quoins）裝飾，但向西的牆角卻沒有隅石，反映這棟建築物只完成了一半（圖 2.21）。街市地板由水泥混凝土製成並以石米鋪面，再由鋼樑和鋼柱支撐。街市室內牆身由地面至七呎高位置均鋪上拋光磚，確保牆壁衛生。[71]

尖沙咀街市和中環、上環兩個西方建築式樣大街市的主要分別在於屋頂設計。所有比尖沙咀街市早落成的街市，均蓋上瓦頂。尖沙咀街市很可能是香港首個採用鋼筋混凝土屋頂的公眾街市（圖2.22）。其混凝土屋頂鋪上瀝青，再以石米鋪面。在向着廣東道的一面，清楚可見屋頂有些部分呈筒形。筒形屋頂的山牆裝了半圓形窗。其實，尖沙咀街市的工程曾因混凝土屋頂建造失敗而延遲。由於屋頂原本的建造物料質素欠佳，工務司署要求承建商重建整個屋頂。[72]

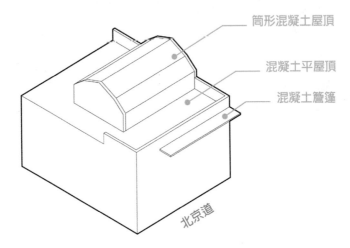

筒形混凝土屋頂

混凝土平屋頂

混凝土簷篷

北京道

▎圖 2.22 尖沙咀街市的混凝土屋頂有部分建造成筒形。

尖沙咀街市有些部分為兩層，有些部分為三層，這不對稱的格局成為街市的特色。在兩層的部分，地下有12個魚店、12個魚檔、6個生果檔和12個菜檔，一樓有8間肉店及4間家禽店。在三層的部分則放置了街市的配套設施，地下設有廁所、浴室、廚房、魚缸房和儲物室各一，一樓是苦力宿舍、看更房、客廳和廚房，頂層有一個家禽屠宰房、一個臥室和一個浴室。整棟建築以電燈照明。[73]

尖沙咀街市在1911年9月竣工，並交予潔淨署。這個街市於1999年被拆除，該地段現為北京道一號。

文咸東街的南便上環街市（1913）

北便上環街市在海旁填海區落成幾年後，政府開始着手重建位於文咸東街附近的舊上環街市。由於舊上環街市隱藏在眾多私人樓宇之中，該地段大概呈「T」形，只有在文咸東街和摩利臣街上的兩個狹窄位置可以臨街。1910年9月，即舊上環街市即將拆卸前，摩利臣街有兩棟私人樓房倒塌，另有兩棟嚴重損毀。政府藉此機會拆除這些危樓，並且收購該土地來興建新街市，使新街市面臨摩利臣街一面可以擴闊。[74]

重建後的新街市取名「南便上環街市」，按照「T」字形地皮形狀而建。建築物和地段邊界之間留有約15呎的空地，以確保街市獲得足夠光線和空氣（圖2.23）。街市的三個入口分別開設在文咸東街、摩利臣街和皇后大道上。每個入口均連接着一條通往一樓的花崗岩樓梯。街市附近建有一棟獨立的三層附屬建築，內有廁所、苦力和看更宿舍。南便上環街市與北便上環街市均由同一承建商生利公司興建。[75]

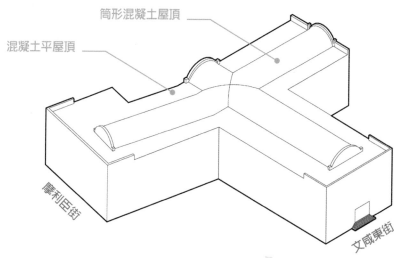

筒形混凝土屋頂

混凝土平屋頂

摩利臣街

文咸東街

▌ **圖2.23** 南便上環街市為一座「T」字形建築物。

圖 2.24 南便上環街市向文咸東街只有一狹窄樓面。
(P1973.398, n.d., photograph, Hong Kong History Museum.)

　　與上述三個大街市一樣,南便上環街市以廣州紅磚築砌。面向文咸東街及摩利臣街的兩面外牆以廈門磚飾面,間中夾雜花崗岩磚。街市入口是一個半圓形花崗岩大拱門,門上有一幼長拱頂石,大門口的幾級樓梯皆以圓角收邊。入口上方開了一組共三扇窗口,各以兩條塔斯卡尼柱裝飾。這組窗的兩側都開了一個有石砌緣飾的牛眼窗,其十字方位配上幼長拱頂石襯托。外牆亦佈置了磚刻浮雕(圖2.24)。

　　工務司署似乎在1911年完成尖沙咀街市後,將原本採用瓦頂的做法改為混凝土屋頂。南便上環街市的屋頂由水泥混凝土和鐵製成。屋頂的中央部分呈筒形,跨度達到25呎,並且開設了一排圓形側窗,讓自然光照入街市內部(圖2.25)。屋頂的其餘部分為平頂,跨度由13至17呎不等,塗上八層防水塗層,並蓋上一層石米作保護。屋頂和地板由水泥混凝土造成,以熟鐵樑和鐵柱支撐。

圖 2.25 南便上環街市採用混凝土屋頂。
(T. Y. Tang, *A View of the South Block of Western Market, a 70-Year-Old Landmark Which Is to Be Demolished Next Year for a Redevelopment Project*, August 11, 1978, photograph, South China Morning Post via Getty Images.)

　　這座兩層高街市十分寬敞，空氣流通，地下的淨高度為19.5呎，一樓則為18呎。地下有74個專門賣魚的檔位。該層有兩個範圍以圍欄包圍，裏面放置了用來飼養活魚的大型魚缸。一樓有84個菜檔和20間菜店，檔位之間的通道闊10呎。街市地下的室內牆身鋪了六呎高的非光面紙皮石，一樓牆身則鋪了五呎高。全部混凝土地板均以石米鋪面。街市和附屬建築物都安裝了電燈。街市從附近的水井抽水，供沖廁之用。[76]

　　南便上環街市於1913年10月1日開放予公眾，是香港最後一個西方建築式樣街市。這街市建成後，工務司署不再興建任何西方建築風格的街市。南便上環街市服務了上環街坊六十多年，直至1980年因地鐵工程而被拆卸，該地段在1989年改建為上環市政大廈。

2.4 小結

　　1882至1913年這段時間，香港公眾街市經歷兩個重大變化。第一，公眾街市成為控制公共衛生重要一環。由於公眾街市是少數可以售賣新鮮食物的地方，其衛生狀況對香港公共衛生至關重要。多年來，香港公眾街市建造和管理不善，其中很多都是興建在私人樓宇夾縫之中，使街市得不到充足的自然光和空氣。食物商販及其家人經常在攤檔裏睡覺，損害街市衛生。為了改善這種情況，公眾街市在這段時間開始，由潔淨局與潔淨署管理。街市聘請督察和看更，以確保街市能夠保持良好衛生。

　　第二，工務司署不但致力增建街市，更將公眾街市改良至符合現代衛生標準。自1887年起，工務司署不再負責註冊和出租街市攤檔，可以專注於公眾街市建築方面的事務，包括選址、設計和興建街市。這段期間，舊街市得到重建，更多新街市根據人口分佈的狀況，在維多利亞城以外落成。工務司署在這段時間引進多層街市，以擴大街市空間。這些具有西方建築風格的街市比起之前興建的街市更為寬敞、空氣流通，而且配備更完善的設施。街市外牆或屋頂開了大窗口，供內部照明和通風。內牆鋪上瓷磚，地板則鋪上石米，使其易於清潔。街市增設家禽屠宰和去毛房、魚缸和設計巧妙的攤檔。街市亦裝有供水和供電系統。最重要的是，工務司署花費不少心力設計這批街市，代表政府不再視公眾街市僅僅為實用性建築物，而是香港的一種重要公共建築。

香港街市興建的時間線（1882-1913）

年份	事件	落成的街市	備註
1882	查維克報告發表		
1883	潔淨局成立		
1887	《公共衛生條例》生效		
1889		紅磡街市	一所開放式街市。1926年擴建，增設12個有魚缸的魚檔。其後於1952年在寶其利街重建。
1892	總量地官署正式更名為工務司署		
1894	鼠疫爆發		
1895		中環街市（重建）	一座兩層高愛德華時代建築風格街市。1937年拆卸，1939年完成重建。
1898		大角咀街市	設計不詳。拆卸年份不詳。
1903	《公共衛生及建築條例》生效 潔淨署成立		
1905		芒角咀街市	一所屋頂鋪有筒瓦的開放式街市。1925年擴建，增加兩棟開放式房屋。其後在1960年更名為「旺角街市」。1974年拆卸，1977年完成重建。
		德輔道臨時街市	1910年改建為上環街市的水車庫。
1906		北便上環街市	一座兩層高愛德華時代建築風格街市。1991年被保育及改建成「西港城」購物中心。
1908		西灣河街市	一所屋頂鋪有筒瓦的開放式街市。1982年因地鐵工程而被拆卸，1984年完成重建。
1911		尖沙咀街市（九龍街市）	一座三層高愛德華時代建築風格街市。1991年拆卸。
1912		香港仔街市	一所屋頂鋪有筒瓦的開放式街市，與屠宰房和看更宿舍一同建成。1981年在香港仔大道完成重建。
1913		堅拿道街市	不詳。
		海旁東街市	不詳。
		南便上環街市（重建）	一座兩層高愛德華時代建築風格街市。1980年因地鐵工程而被拆卸，1989年重建成上環市政大廈。

註釋

1   Ria Sinha, "Fatal Island: Malaria in Hong Kong," *Journal of the Royal Asiatic Society Hong Kong Branch* 58 (2018): 55–80; Christopher Cowell, "The Hong Kong Fever of 1843: Collective Trauma and the Reconfiguring of Colonial Space," *Modern Asian Studies* 47, no. 2 (March 2013): 329–364.

2   Martin R. Montgomery, "Report on the Island of Hong Kong (Enclosure 1, in No. 1, Governor Davis to the Right Hon. Lord Stanley, 20 August 1844)," in *Hong Kong Annual Administration Reports, 1841–1941*, ed. Robert L. Jarman, vol. 1 (Slough, England: Archive Editions, 1996), 7.

3   Runhe Liu, *A History of the Municipal Councils of Hong Kong: 1883–1999: From the Sanitary Board to the Urban Council and the Regional Council* (Hong Kong: Leisure and Cultural Services Department, 2002), 8.

4   J. Carroll Demster, "The Colonial Surgeon's Report for 1854," in *Hong Kong Annual Administration Reports, 1841–1941*, ed. Robert L. Jarman, vol. 1 (Slough, England: Archive Editions, 1996), 225–226.

5   "Bowring to Labouchere," February 18, 1856, 332–333, CO 129/54, The National Archives, Kew.

6   Moira M. W. Chan-Yeung, *A Medical History of Hong Kong: 1842–1941* (Hong Kong: The Chinese University of Hong Kong Press, 2018), 110–118.

7   William Frederick Mayers, Nicholas Belfield Dennys, and Charles King, *The Treaty Ports of China and Japan. A Complete Guide to the Open Ports of Those Countries, Together with Peking, Yedo, Hongkong and Macao. Forming a Guide Book & Vade Mecum for Travellers, Merchants, and Residents in General*, ed. Nicholas Belfield Dennys (London: Trübner, 1867), 25.

8   *The China Mail*, June 7, 1878, 2.

9   Osbert Chadwick, *Mr. Chadwick's Reports on the Sanitary Condition of Hong Kong; with Appendices and Plans* (London: George E.B. Eyre and William Spottiswoode, for Her Majesty's Stationery Office, 1882), 40.

10 Chadwick, 40.

11 Chadwick, 40.

12 當潔淨局在 1883 年 4 月 18 日成立時，成員最初不包括緝捕官。緝捕官一職於 1883 年 6 月 28 日納入作潔淨局成員。見 "Government Notification No. 228," *The Hong Kong Government Gazette*, June 28, 1883。

13 "The Public Health Ordinance, 1887," No. 24 of 1887 § (1887).

14 Liu, *A History of the Municipal Councils of Hong Kong: 1883–1999: From the Sanitary Board to the Urban Council and the Regional Council*, 25, 37–50.

15 E. G. Pryor, "The Great Plague of Hong Kong," *Journal of the Hong Kong Branch of the Royal Asiatic Society* 15 (1975): 62–63.

16　"Insanitary Properties Resumptions," in *Sessional Papers 1905* (Hong Kong: Government Printer, 1905).

17　R. A. Baker and R. A. Bayliss, "William John Ritchie Simpson (1855–1931): Public Health and Tropical Medicine," *Medical History* 31, no. 4 (October 1987): 456–457.

18　"The Public Health and Buildings Amendment Ordinance, 1903," No. 23 of 1903 § (1903).

19　《1858年街市條例》規定總量地官負責登記和出租公眾街市的店鋪和攤檔。自 1887年起，這些工作被轉移給總登記官。見 "The Market's Ordinance, 1858," No. 9 of 1858 § (1858); "The Cattle Diseases, Slaughter-Houses, and Markets Ordinance, 1887," No. 17 of 1887 § (1887)。

20　Chan-Yeung, *A Medical History of Hong Kong: 1842–1941*, 153.

21　"Bowen to Stanley," June 28, 1883, 179, CO 129/210, The National Archives, Kew.

22　"Price to Marsh," June 16, 1883, 179, CO 129/210, The National Archives, Kew.

23　見政府檔案處HKRS209檔案關於 "Administrative/Biographical History" 的註釋。 https://search.grs.gov.hk/en/arcview.xhtml?q=HKRS209&eid=lCXC%2BY6NTVQze4l81V mr7A%3D%3D&ls=q%3DHKRS209.

24　"Price to Austin," November 21, 1976, 560, CO 129/189, The National Archives, Kew.

25　"Report on Public Works," in *Sessional Papers 1890* (Hong Kong: Government Printer, 1890), 299; "Report on the Operations of the Public Works for the Year 1890," in *Sessional Papers 1891* (Hong Kong: Government Printer, 1891), 187.

26　"Surveyor General's Department Report for the Year 1891," in *Sessional Papers 1892* (Hong Kong: Government Printer, 1892), 105.

27　"Surveyor General (Change of Name) Ordinance, 1892," No. 1 of 1892 § (1892).

28　"Speech of His Excellency the Governor at the Opening of the Session for 1884 of the Legislative Council of Hong Kong," 1884, 324, CO 129/215, The National Archives, Kew.

29　"Standing Orders and Rules of the Legislative Council of Hong Kong (Adopted Unanimously on April 10th, 1884)," April 10, 1884, 402, CO 129/245, The National Archives, Kew.

30　"Report of the Director of Public Works, for the Year 1903," in *Sessional Paper 1904* (Hong Kong: Government Printer, 1904), 182.

31　"Report of the Director of Public Works, for the Year 1905," in *Sessional Paper 1906* (Hong Kong: Government Printer, 1906), 550.

32　"Report of the Director of Public Works for the Year 1911," in *Administrative Reports for the Year 1911* (Hong Kong: Government Printer, 1912), P37.

33　Richard Fellows, *Edwardian Civic Buildings and Their Details* (Oxford: Architectural Press, 1999), ix–x.

34   "Bowen to Stanley," June 28, 1883, 179; "Meeting Minutes of the Finance Committee," June 21, 1883, 432, CO 129/210, The National Archives, Kew.

35   "Bowen to Holland," March 21, 1887, 484–497, CO 129/231, The National Archives, Kew; "Report of the Director of Public Works for 1895," in *Sessional Papers 1896* (Hong Kong: Government Printer, 1896), 199–200.

36   *The China Mail*, November 10, 1886, 2.

37   "Official Record of Proceedings, 31 July 1891," in *Hong Kong Hansard 1891* (Hong Kong: Legislative Council, 1891).

38   "Agreement between the Crown Agents for the Colonies and H. W. Wills," December 10, 1890, 308–309, CO 129/252, The National Archives, Kew.

39   威爾斯對布朗的中環街市設計的詳細評論，可見 "Wills to Brown," April 7, 1891, 354–365, CO 129/250, The National Archives, Kew。

40   "Barker to Holland," July 7, 1891, 338–339, CO 129/250, The National Archives, Kew.

41   "Wills to Brown," May 29, 1891, 334–335, CO 129/250, The National Archives, Kew.

42   "Official Record of Proceedings, 26 October 1891," in *Hong Kong Hansard 1891* (Hong Kong: Legislative Council, 1891), 20–21; "Official Record of Proceedings, 16 November 1891," in *Hong Kong Hansard 1891* (Hong Kong: Legislative Council, 1891), 48.

43   "The New Central Market," *The Hong Kong Telegraph*, August 31, 1894, 2.

44   "Report on the Progress of the Public Works during the First Half-Year 1892," in *Sessional Papers 1892* (Hong Kong: Government Printer, 1892), 353.

45   Arnold Wright, *Twentieth Century Impressions of Hongkong, Shanghai, and Other Treaty Ports of China: Their History, People, Commerce, Industries, and Resources* (London: Lloyds Greater Britain Publishing Company, 1908), 229; Allister Macmillan, *Seaports of the Far East; Historical and Descriptive, Commercial and Industrial, Facts, Figures, & Resources* (London: W. H. & L. Collingridge, 1925), 69–70.

46   "Report on Public Works," 300–301.

47   "Report on Public Works," 300–301; "Report of the Director of Public Works for 1895," 199–200.

48   "Report on Public Works," 300–301.

49   "Report of the Director of Public Works for 1895," 199.

50   拉斯金（John Ruskin, 1819–1900）是英國主要的藝術和建築評論家。

51   "Opening of the New Central Market, Hongkong," *The Hong Kong Weekly Press*, May 9, 1895, 351.

52   "Sanitary Superintendent's Report for the Year 1895," in *Sessional Papers 1896* (Hong Kong: Government Printer, 1896), 313.

53 "Report Relative to the Lighting of the Central Market," *The Hong Kong Weekly Press*, July 29, 1901, 7.

54 "Central Market Amenities," *The Hong Kong Telegraph*, May 28, 1909, 1.

55 "The Proposed New Western Market," *The China Mail*, February 22, 1901, 2.

56 "Report of the Director of Public Works for 1896," in *Sessional Papers 1896* (Hong Kong: Government Printer, 1897), 173.

57 "Report of the Director of Public Works for 1896," 173.

58 "Report by Committee Appointed to Consider and Report on the Best Site for a New Western Market," July 28, 1900, 304–308, CO 129/301, The National Archives, Kew.

59 "Report by Committee Appointed to Consider and Report on the Best Site for a New Western Market," 304–308.

60 "Wolfe to May," January 26, 1910, 92–93, CO 129/369, The National Archives, Kew; "Lugard to Crewe-Milnes," October 7, 1910, 52–53, CO 129/369, The National Archives, Kew; "The Proposed New Western Market."

61 "Reports of the Medical Officer of Health, the Sanitary Surveyor, and the Colonial Veterinary Surgeon for the Year 1897," in *Sessional Papers 1898* (Hong Kong: Government Printer, 1898), 315; "The Plans of the Western Market," *The China Mail*, February 7, 1901, 2; "Hongkong Markets: The Latest Addition," *South China Morning Post*, April 11, 1906, 7.

62 "Report of the Director of Public Works, for the Year 1903," 178.

63 "Gascoigne to Chamberlain," April 2, 1902, 461, CO 129/310, The National Archives, Kew.

64 "Report of the Director of Public Works, for the Year 1905," 550.

65 Macmillan, *Seaports of the Far East; Historical and Descriptive, Commercial and Industrial, Facts, Figures, & Resources*, 83; 陳慕華著，馮以浤譯：《林護：孫中山背後的香港建築商》(香港：香港中文大學出版社，2017)，頁78；"Tytam Reservoir: Laying of Memorial Stone," *South China Morning Post*, February 4, 1918, 6。

66 "Hongkong Markets: The Latest Addition," 7.

67 "Report of the Director of Public Works, for the Year 1904," in *Sessional Paper 1905* (Hong Kong: Government Printer, 1905), 235; "Report of the Director of Public Works, for the Year 1906," in *Sessional Papers 1907* (Hong Kong: Government Printer, 1907), 703–704; "Hongkong Markets: The Latest Addition," 7.

68 "Report of the Director of Public Works, for the Year 1906," 703–704.

69 "Government Notification No. 361," *The Hong Kong Government Gazette*, August 22, 1891.

70 "Market Accommodation at Kowloon," *The China Mail*, October 25, 1900, 2; "Official Record of Proceedings, 7 October 1909," in *Hong Kong Hansard 1909* (Hong Kong: Legislative Council, 1909); "Official Record of Proceedings, 24 August 1911," in *Hong Kong Hansard 1911* (Hong Kong: Legislative Council, 1911).

71 "Report of the Director of Public Works 1910," in *Administrative Reports for the Year 1910* (Hong Kong: Government Printer, 1911), P29; "Report of the Director of Public Works for the Year 1911," P34.

72 "Official Record of Proceedings, 12 January 1911," in *Hong Kong Hansard 1911* (Hong Kong: Legislative Council, 1911); "Report of the Director of Public Works 1909," in *Administrative Reports for the Year 1909* (Hong Kong: Government Printer, 1910), O24; "Report of the Director of Public Works for the Year 1911," P34.

73 Report of the Director of Public Works for the Year 1911," P34–35.

74 "Report of the Director of Public Works for the Year 1913," in *Administrative Reports for the Year 1913* (Hong Kong: Government Printer, 1914), P44.

75 "Report of the Director of Public Works for the Year 1911," P35; "Report of the Director of Public Works for the Year 1912," in *Administrative Reports for the Year 1912* (Hong Kong: Government Printer, 1913), P40; "Report of the Director of Public Works for the Year 1913," P44–45.

76 "Report of the Director of Public Works for the Year 1913," P43–46.

03

第三章　公眾街市與生活成本

3.1　興建更多公眾街市抑制食物通脹

一戰後高生活成本與社會動盪

　　第一次世界大戰對全球、包括香港的經濟造成嚴重破壞。香港仍未在鼠疫爆發後恢復過來，卻又不幸受到通貨膨脹的嚴重打擊。由於一戰期間及之後數年國際貿易受阻，香港的食物和消費品供應變得不穩定，生活成本因而急劇上升。1919年，香港及廣東地區因農作物歉收和供應鏈受阻而面臨米荒。香港在7月爆發搶米騷亂，數以百計苦力搶掠灣仔及其他地區的米鋪。[1] 這場騷亂促使政府在9月實施《1919年食米條例》(*Rice Ordinance*, 1919)，以穩定大米供應。該條例授權政府有償徵收大米，以及固定大米的零售價格。

　　一戰後的高生活成本和停滯不升的工資，為香港草根階層帶來莫大的經濟困難。他們的不滿情緒，在當時中國日益滋長的反帝國主義思緒推動下，最終在1920年代引發一連串罷工和杯葛運動。1922年1月，中華海員工業聯合總會要求將工資提升10%至40%，以及改革對本地海員不公的招聘制度。當船主們拒絕他們的要求時，三萬名海員發動罷工，導致151艘載有共231,000噸貨物的船隻需要停駛。[2] 這場由1月13日持續到3月6日的大罷工，不僅是海員們為了改善生活而發起的勞工運動，更是國民黨抗議英國統治香港的政治行動。[3] 在中國內地工會的協助下，一萬多名罷工的海員離開香港前往廣州。不久，香港的苦力和其他運輸工人於1月下旬加入罷工，要求提高工資。到了3月，香港的罷工總人數高達12萬人。[4]

　　海員大罷工癱瘓香港運輸和貿易，食物和日用品價格大幅上漲。在1922年3月，牛肉價格由每磅2毫2仙增加到4毫，米價則上升了

40%至50%。[5]罷工期間,一大群人搶掠油麻地一間米鋪,他們並非因為大米短缺而行劫,而是不滿食物價格不合理地增長。[6]

三年後,香港發生另一次大規模罷工,對經濟的打擊比海員大罷工更為嚴重。這次罷工由1925年發生的「五卅運動」引發,由於英國警察在上海公共租界槍殺至少九名中國示威者,促使香港和廣州的工人發動一場大罷工以反抗帝國主義。「省港大罷工」由1925年6月持續至1926年10月。在最高峰期有25萬名罷工者及其家屬返回廣東省,令香港的貿易總量下降50%。[7]西江和汕尾這兩個供應全港86%進口肉類的中國港口,在罷工期間關閉,導致香港肉食短缺,食物價格隨之上漲。[8]

1929年港幣匯率大幅下跌,香港經濟再受重挫。由於港元貶值,由歐洲、美國和日本進口的商品價格相對飆升。換句話説,人們所賺的工資再無法買到和以前數量相等的食物、衣服和其他日用品。[9]1930年代,香港受到全球經濟大蕭條和中國政局動盪引發的經濟危機影響,生活成本持續高企,很多香港人掙扎求存。

潔淨局的建議:興建更多街市

從1925至1926年,省港大罷工爆發導致食物價格創下有史以來新高,這時潔淨局留意到,許多街市檔主趁糧食短缺,乘機提高食物零售價來牟取暴利。[10]於是,在1926年6月,即罷工仍然進行期間,潔淨局委任了一個由三名成員組成的小組委員會,調查新鮮食品價格高昂的情況,及研究如何防止檔主牟取暴利。不過,經一年調查後,該委員會毫無建樹,未有提出降低食物價格的方法。潔淨局非官守成員布力架(Jose Pedro Braga)批評該小組委員會表現未如理想,又投訴香港有「生活費最貴的殖民地的污名」。[11]公眾街市缺乏競爭尤其令布力架感到困擾。當時，政府容許街市檔主死後將攤檔留給直系子女繼承。結果，街市攤檔一直由少數特權人士持有，沒有新人可以加入街市行業。街市檔主壟斷專利，他們團結一致，組成一個「街市圈」（market ring）對抗潛在的競爭對手並維持食物高價。[12] 布力架留意到在街市售賣同一類食物的攤檔，叫價實際上相同，未能提供不同價格選擇予消費者。[13] 面對這些批評，潔淨局主席史美（Norman Lockhart Smith）向其成員辯稱，調整街市食物零售價格並非潔淨局之責，小組委員會只能擔當監察的角色，沒有控制食物價格的實權。[14]

史美認為降低食物價格的唯一方法，是透過興建更多街市引入更大競爭。他指出：「只要人性仍然存在，人們就會低買高賣。唯一可以約束街市這種有持久壟斷習慣的方法，就是設立大量街市。」[15] 潔淨局因此同意在殖民地社會和經濟情況許可下，擴大街市興建計劃。

3.2 邁向現代建築：興建簡約街市

20世紀初的工務司署

為香港增建街市的責任由工務司署一力承擔。工務司署在1915年被細分為七個支部：建築及樓宇保養、地政測量、公共衛生及水務工程、會計、通信及庫藏以及總務。[16] 在這些支部當中，建築及樓宇保養支部（Architectural and Maintenance of Building）負責設計和興建新政府建築物，以及改善和維修已有的政府物業。這個支部順理成章成為負責興建新街市的政府部門。工務司署的分部數量在之後的20年間，平穩地增至10至14個，建築及樓宇保養支部亦更名為「建築處」（Architectural Office）。以1930年為例，建築處由19個歐洲裔員工組成，當中有八個建築師、一個高級工程檢測員、一個工料測量師、八個監工以及一個總繪圖員。[17] 在1930年代,工務司署大約有700至800名員工(表3.1)。雖然歐洲裔員工人數比非歐洲裔員工少,但所有較高級的職位都是由歐洲裔人員擔任。非歐洲裔員工通常任職測量師、繪圖員、文員、工頭、信差、辦公室助理、苦力等職位。[18]

表 3.1　　1929 至 1939 年間工務司署員工數量			
年份	歐洲裔員工	非歐洲裔員工	合共
1929	156	535	691
1930	155	525	680
1931	153	500	653
1932	155	557	712
1933	160	612	772
1934	160	623	783
1935	161	635	796
1936	150	641	791
1937	149	638	787
1938	148	557	705
1939	134	513	647

(根據1929至1939年間工務司署年度報告資料整合。)

簡約建築設計

工務司署按照潔淨局的建議,在1913至1939年間興建了23個公眾街市。這段時期,工務司署開始改變其街市設計,放棄一貫採用的西方建築式樣,改為興建設計簡約的街市。建築設計趨向簡約,摒棄以往的傳統建築裝飾,是當時西方世界的大趨勢。18世紀的啟蒙運動和工業革命,使歐洲人變得崇尚理性,着重哲學邏輯和科學驗證。同時歐洲的社會和政治局勢亦經歷重大轉變,君主制度受到考驗,教廷的影響力亦大不如前。人們（尤其是知識份子），對 17、18 世紀流行的巴洛克和洛可可風格覺得反感，認為浮誇的建築正代表皇室和教廷的揮霍奢華。從 19 世紀中開始，建築物變得比以前簡潔質樸，甚至刻意不作任何裝飾，令建築設計開始進入「現代」時期。

建築設計變得簡約，與廣泛使用鋼筋混凝土為建築材料有直接關係。混凝土是一種歷史悠久的建築材料。早在公元前的羅馬帝國，已有工程師使用由石灰、火山灰和水混合而成的「羅馬混凝土」（Roman concrete）作為建築材料。著名的羅馬萬神殿，穹頂正是由羅馬混凝土造成。但直至 1853 年，法國工業家柯尼特（Francois Coignet）在興建房屋時，把鐵枝放進混凝土中，大大加強了混凝土的強度。其後在 1867 年，法國園藝家莫尼爾（Joseph Monier）把鐵絲網加入混凝土中加固，並且取得專利。這些技術改良，使混凝土成為一種堅固而且價廉物美的建築材料。相比磚石結構，混凝土建築成本低廉得多，而且所需的建造時間也大幅縮短。這些優點，使混凝土的應用在 20 世紀越來越普遍。但由於混凝土必須透過模板定形，較難造成細緻的雕刻裝飾，因此若要使用混凝土作為建築材料，樓宇設計便不能太過花巧。

在 1913 年完成南便上環街市後，工務司署便沒有再興建西方建築風格的街市。這段時間正值兩次世界大戰之間，香港的經濟衰退嚴重影響工務司署的工作。故此，工務司署興建的大部分街市只能採用簡約設計，促使其建築風格由西方式樣漸漸轉變為現代建築。現代建築強調功能性和精簡的建築體量，而非裝飾。工務司署採用現代建築，以應對一戰前後的社會條件和經濟情況。現代建築的平實外觀顯得與西方傳統建築毫無關連，也可避免刺激香港人的反帝國主義情緒。

工務司署最初只應用鋼筋混凝土在尖沙咀街市和南便上環街市的屋頂和樓板上。從 1913 年起，工務司署廣泛使用鋼筋混凝土建造公眾街市。在工務司署於 1913 至 1939 年間興建的 23 個街市之中,有 19 個採用混凝土平屋頂簡約開放式設計,帶有極少建築裝飾,造價低廉而且容易建造。除了開放式街市外,工務司署還興建了一個「半中式」及一個採用鋼桁架金字屋頂的臨時街市。直至 1930 年代,工務司署才恢復興建多層公眾街市。在這時期,香港島北岸不再稱為「維多利亞城」,該區有四個大型街市建成,全部均採用現代建築風格(表 3.2)。這批大型街市將會在第四章詳述。

表 3.2　1913 至 1939 年興建的街市類型				
年份	街市	簡約街市		大型街市
		混凝土屋頂開放式街市	半中式街市　臨時街市	
1913	油麻地蔬果街市(新填地街街市)	•		
1918	深水埗街市(北河街街市)	•		
1919	大澳街市	•		
1924	鰂魚涌街市	•		
1925	官涌街市(上海街街市)	•		
1925	芒角咀街市擴建部分	•		
1926	紅磡街市擴建部分	•		
1928	土瓜灣街市	•		
1928	九龍城街市	•		
1931	長沙灣街市		•	
1932	駱克道街市(海旁東街市)	•		
1932	西營盤街市			•

(續下頁)

年份	街市	街市		大型街市
		簡約街市		
		混凝土屋頂開放式街市	半中式街市　臨時街市	
1934	軍器廠街街市	●		
1934	芒角咀新街市（花園街街市）	●		
1935	寶靈頓運河街市（堅拿道街市）	●		
1935	塘尾街市（界限街街市）	●		
1936	荃灣街市	●		
1937	赤柱街市	●		
1937	九龍塘街市		●	
1937	灣仔街市			●
1937	堅尼地城批發市場			●
1938	黃泥涌街市	●		
1939	中環街市			●

3.3　混凝土屋頂的簡約開放式街市

混凝土平屋頂取代瓦頂

自 1840 年代起，開放式街市成為本港最常見的街市建築類型。建於 19 世紀的開放式街市通常都是一個長形建築物，並以分佈平均的磚柱，支撐着一個大四坡瓦屋頂。可是，工務司署在 1913 年改變開放式街市建築設計，用鋼筋混凝土平屋頂取代瓦頂。在隨後的 25 年間，有

17個開放式街市採用這種新設計（表3.3），當中包括15座新街市和兩個街市擴建部分（即第二章2.2節所述的芒角咀街市和紅磡街市）。這批混凝土平屋頂的開放式街市，是香港20世紀上半葉最大的公眾街市類型。

表3.3　1913至1938年興建的混凝土平屋頂開放式街市		
落成年份	街市	備註
1913	油麻地蔬果街市（新填地街街市）	此開放式街市大小為190乘60呎，以磚柱支撐鋼筋混凝土平屋頂，地板由混凝土造成。原本木製的枱位在1922年改換成混凝土枱位。
1918	深水埗街市（北河街街市）	此開放式街市由兩棟設計相同的房屋組成，每棟115乘50呎。柱子由磚砌成並以水泥砂漿鋪面，上蓋以鋼筋混凝土製成的平屋頂。街市地板由石灰和水泥混凝土製成，再鋪上細滑混凝土。街市範圍內亦附設一個看更宿舍、廚房及廚房連儲物室的房間。這些附設建築物由廣州紅磚砌成，上蓋鋼筋混凝土平屋頂。紅磚均以石灰砂漿黏合，並以水泥砂漿勾縫。
1919	大澳街市	此開放式街市大小為65.25乘23.25呎。鋼筋混凝土屋頂由磚柱支撐，地板則由水泥混凝土製成。街市還有看更宿舍及廚房。
1924	鰂魚涌街市	此開放式街市內有20個6呎長枱位，以磚柱支撐鋼筋混凝土平屋頂，屋頂設置看更宿舍。
1925	官涌街市（上海街市）	此開放式街市有30個10呎長的枱位和一個家禽屠宰房。屋頂設有看更宿舍。街市結構可容許將來加建第二層。
1925	芒角咀街市擴建部分	此開放式街市由兩棟房屋組成，均由鋼筋混凝土屋頂和磚柱建造。較大一棟房屋的結構可容許將來加建第二層。
1926	紅磡街市擴建部分	此擴建部分是一座小型開放式街市。
1928	土瓜灣街市	此開放式街市有12個枱位，以磚柱支撐鋼筋混凝土平屋頂。
1928	九龍城街市	此開放式街市有18個枱位和一個看更宿舍，還有廁所和廚房各一。1930年增建第二座有21個檔位的街市。

（續下頁）

落成年份	街市	備註
1932	駱克道街市 （海旁東街市）	此開放式街市用混凝土建成，檔位以背靠背形式排列。
1934	軍器廠街街市	此開放式街市用混凝土建成，採標準化設計。工程合約同時包括寶靈頓運河街市工程。
1934	芒角咀新街市 （花園街街市）	此開放式街市用混凝土建成，採標準化設計。工程合約同時包括塘尾街市工程。內有20個檔位、一個家禽屠宰房和潔淨署員工宿舍。檔位由水磨石鋪面。獨立的廁所由磚砌成。
1935	寶靈頓運河街市 （堅拿道街市）	此開放式街市用混凝土建成，採標準化設計。工程合約同時包括軍器廠街街市工程。內有24個檔位、一個家禽屠宰房和潔淨署員工宿舍。檔位由水磨石鋪面。獨立的廁所由磚砌成。
1935	塘尾街市 （界限街市）	此開放式街市用混凝土建成，採標準化設計，有32個檔位。工程合約同時包括芒角咀新街市工程。
1936	荃灣街市	此開放式街市用混凝土建成，採標準化設計，有24個檔位、一個廁所和苦力宿舍。
1937	赤柱街市	此開放式街市有24個檔位、一個家禽屠宰房、看更宿舍、廁所和一個化糞池。檔位由水磨石鋪面。
1938	黃泥涌街市	此開放式街市用混凝土建成，採標準化設計，有20個檔位、一個家禽屠宰房和看更宿舍。檔位由水磨石鋪面。

　　工務司署首個採用鋼筋混凝土平屋頂的開放式街市，是於1913年在新填地和甘肅街交界落成的油麻地蔬果街市。這個街市跟1879年落成、位於街市街的油麻地街市相距只有兩個街口。隨着油麻地人口增長，該區需要兩所街市才能應付人們的需求。這兩所新舊街市出售不同類型食物：舊街市開設豬肉、牛肉和魚檔；而新街市只有家禽和蔬果檔，因此稱為「油麻地蔬果街市」。[19]

這兩個街市的建築設計亦有差別。舊街市由兩座室內街市建築組成（參見第一章1.5節），但新街市是一座四邊開放、蓋有鋼筋混凝土平屋頂的長形建築（圖3.01）。其實這街市很可能是香港最大的獨棟開放式街市建築，它長190呎、寬60呎，採用簡單設計，建築物的邊緣置有磚柱，用來支撐大混凝土屋頂。[20] 這所街市在1913年竣工時，街市枱位為木製。工務司署在1922年將所有木製枱位改換成混凝土。[21] 油麻地蔬果街市在1956年重建，成為今天的油麻地街市（將於第五章5.5節詳述）。

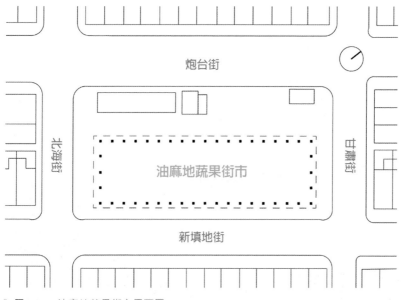

圖3.01 油麻地蔬果街市平面圖。

1910年代，越來越多街市在九龍、尤其是新發展的區域落成。深水埗街市（又稱北河街街市）建於1918年，位於深水埗一個新填海區，一塊四邊均被公共街道（北河街、基隆街、桂林街和大南街）所包圍的大地皮的東南端。深水埗街市是一個由兩棟設計相同的開放式房子組成的街市建築群，每棟面積為115乘50呎，兩者之間有一片空地分隔。[22] 兩棟建築由一些磚柱將鋼筋混凝土平屋頂支撐着，磚柱由水泥砂漿鋪面。街市地板由四吋厚的石灰水泥混凝土製成，再鋪上兩吋厚的細滑水泥混凝土。兩棟街市安裝了20盞白熾電燈供室內照明。除了兩棟街市建築外，街市範圍內亦附設有一個公廁及一個街市辦公室（內有一個附有廚房和儲物室的看更房，以及一個供街市檔主使用的廚房）。這些附設的建築物由廣州紅磚砌成，上蓋鋼筋混凝土平屋頂。紅磚均以石灰砂漿黏合，並以水泥砂漿勾縫。[23] 深水埗街市在1928年擴建，不但加建了一個新的部分，更在兩棟街市之間的空地蓋上一個新的屋頂（圖3.02）。街市的擴建提供了空間予額外的攤檔和魚缸。[24]

圖 3.02 深水埗街市蓋有大型鋼筋混凝土屋頂。
(P1973.488, n.d., photograph, Hong Kong History Museum.)

深水埗街市落成後一年，工務司署興建大澳街市，是香港離島第一所由政府興建的公眾街市，亦是唯一保留至今的戰前開放式街市。大澳街市建造在填海而來的土地上，是一座小型開放式建築，長65.25呎，寬23.25呎。街市的鋼筋混凝土屋頂由磚柱支撐，地板則由水泥混凝土製成，並畫上框線以標示檔位界限（圖3.03、3.04）。街市還有看更房及廚房。[25]

▎**圖 3.03**　1919年落成的大澳街市是香港現存最古老的開放式街市。

▍**圖3.04** 大澳街市無設置固定的檔位。地板畫有框線，標示檔位範圍。

芒角咀街市落成於1905年，並於1925年擴建。這個街市建築群由兩種不同設計的開放式街市組成（圖3.05）。較舊的街市用紅磚築砌，蓋有一個大瓦頂（參閱第二章）。在1925年進行的擴建工程，工務司署增建了兩棟開放式街市和一個小儲物室。兩棟街市有一棟較大，另一棟較小，共設有50個枱位，及一個屠宰和處理家禽的房間（圖3.06）。兩棟街市均由鋼筋混凝土屋頂和磚柱造成。較大的街市屋頂上建有看更宿舍。[26] 街市建築群的小儲物室後來被改建成冰庫。芒角咀街市於1960年更名為「旺角街市」，並在1974年拆除重建。[27]

圖3.05 芒角咀街市由兩種不同設計的開放式街市組成。
(P1973.463, n.d., photograph, Hong Kong History Museum.)

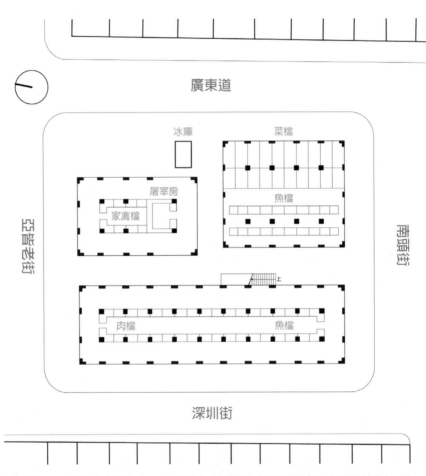

廣東道

冰庫　　　　菜檔

屠宰房

家禽檔　　　　魚檔

亞皆老街　　　　　　　　　　　　　　　　　　　　　　　南頭街

上

肉檔　　　　　　　魚檔

深圳街

圖3.06　原芒角咀街市在1905年落成，採開放式設計（圖右上方形建築物）。於 1925年增建兩棟蓋上混凝土平屋頂的長形開放式街市。這建築群還有一個獨立小 型冰庫。

在1930年代修改檔位設計

工務司署自1930年代開始修改開放式街市設計。原本開放式街市只有一些木或混凝土製的枱位並列擺放。但是在1930年代落成的開放式街市中，檔位卻用牆壁分隔，而且通常都是背靠背排列（圖3.07）。駱克道街市（又稱為海旁東街市）是其中一個最早採用這種檔位佈局的街市。這個街市於1932年建成，位於灣仔海旁東填海區，佔了一塊北至駱克道、南至軒尼詩道的地皮的半邊。街市的兩個入口各自開設在這兩條街道上，因而形成一條貫穿整塊地皮的室內通道。這條通道的兩旁均設有以背靠背形式排列的檔位。由於街市四邊都是開放的，顧客也可以從街市外圍光顧當中的檔位。街市的中間位置設有一個中央儲物室，鄰接街市的地方還建有一個廁所。這塊地皮的另一半則用作露天小販市場。

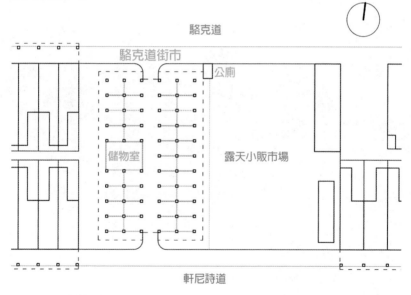

圖 3.07 駱克道街市的檔位以背靠背形式排列。

1930年代的標準化開放式街市設計

　　工務司署在1934年開始採用標準化的開放式街市設計，並套用於至少六個街市，即軍器廠街街市、芒角咀新街市（又稱花園街街市，圖3.08）、塘尾街市（又稱界限街街市）、寶靈頓運河街市（又稱堅拿道街市）、荃灣街市以及黃泥涌街市。新設計的一個重大改變，是用混凝土柱取代磚柱。這些混凝土柱平均分佈，支撐着一個大懸挑屋頂。該屋頂稍微傾斜，並開有通風天窗，將新鮮空氣引進室內。

圖 3.08　芒角咀新街市是其中一個採用工務司署標準化設計的開放式街市。
(P1973.502, n.d., photograph, Hong Kong History Museum.)

在這個標準化設計中，街市的長度會因應檔位數量而改變，例如內有32個檔位的塘尾街市最長，而只有20個檔位的芒角咀新街市最短。這些街市檔位面積為8乘10呎，以背靠背形式排列，每個檔位均用柱子和隔牆作分隔。雖然檔位的面積相同，但不同類型的檔位會採用不同設計。菜檔設有貨架，供陳列蔬菜；家禽檔配備枱位和洗手盆，供清洗禽肉；肉檔備有大塊木製砧板；魚檔配置魚缸。所有檔位均以水磨石鋪面以便清潔。在長形街市的一端設有一個家禽屠宰房、一個看更和衛生人員宿舍，以及一個儲物室。街市附近同時建有一棟單獨的磚砌廁所（圖3.09）。

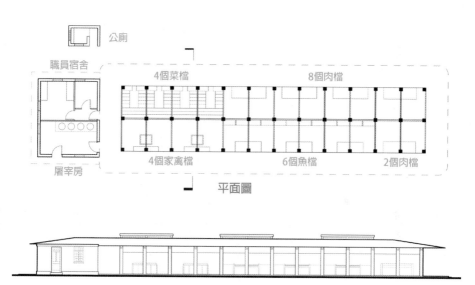

圖3.09 工務司署在1930年代採用的標準化開放式街市。

3.4 其他類型的簡約街市

半中式風格街市

雖然工務司署大規模興建混凝土平屋頂開放式街市，但九龍塘街市卻為例外，它採用從未見於香港其他任何公眾街市的「半中式」風格。該街市在1937年落成，服務「九龍塘房屋計劃」（Kowloon Tong Estate Scheme）的居民。九龍塘是在1920年代依照花園城市模式所發展的低密度住宅區，原意是紓緩港島的洋人（尤其是葡萄牙人）住屋短缺和人多擠逼的問題。這個發展計劃的策劃人是英籍商人義德（Charles Montague Ede），他同時是香港行政局和立法局非官守議員。義德成立了九龍塘及新界發展公司（Kowloon Tong and New Territories Development Company Limited），並於1922年與政府達成協議，在九龍塘興建250棟以上房屋，並以成本價出售給訂購者。政府向這些訂購者承諾，會為其住宅區提供一切所需的公共設施。[28]

九龍塘的人口自1923年開始因住屋發展而增長，參加了「九龍塘房屋計劃」的買家成立了九龍塘訂購者協會（Kowloon Tong Subscribers' Association），並多次向政府要求在這個發展迅速的地區興建一所公眾街市。可是，因為政府的財政限制，工務司署到了1929年才計劃動用1,500港元，興建一座僅有四個檔位的臨時街市。這個方案被潔淨局成員布力架否決，他堅持要興建一座精心設計的永久性街市，來滿足九龍塘日益增長的人口的需求。政府最終在1930年同意以一萬港元，興建一座規模更大的永久性街市。[29] 政府將工程合約批給德興公司（音譯，英文名為 Tak Hing & Co.）。[30]

於1931年竣工的九龍塘街市，建造在窩打老道一段明渠上（圖3.10）。此街市是唯一採用工務司署所謂「半中式」風格的街市。[31] 九龍塘街市是一個長形的封閉式建築物。街市外牆由紅磚砌成，牆身較低的部分以一層石灰勾縫的青磚飾面。街市採用對稱設計，兩個入口上面有由紅磚砌成的弓形拱門楣裝飾。正面開有四個半圓形窗和兩個牛眼窗，全部皆以紅磚窗套裝飾，及裝上仿竹枝護欄。工務司署稱九龍塘街市為「半中式」，因為它蓋有一個鋪設筒瓦的中式四坡屋頂。屋脊末端上翹，並且有中國傳統屋脊裝飾作襯托（圖3.11）。類似的中式屋頂亦見於上水的何東夫人醫局。該醫局建於1933年，即九龍塘街市落成後兩年。

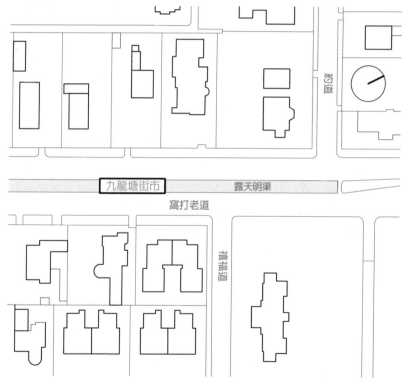

▐ **圖3.10** 九龍塘街市建造在窩打老道一段明渠上。

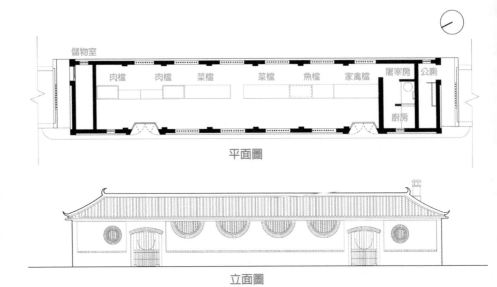

儲物室

肉檔　　肉檔　　菜檔　　菜檔　　魚檔　　家禽檔　　屠宰房　公廁

廚房

平面圖

立面圖

▎**圖 3.11**　九龍塘街市採用「半中式」風格。

　　九龍塘街市的規模比所有同期興建的街市細小，裏面只有六個檔位。兩個肉檔，設有砧板並裝有玻璃陳列櫃；兩個菜檔，均配備大枱位；一個魚檔，有魚缸裝置在枱位之下；一個家禽檔，設置在家禽屠宰房旁邊。檔位均為十呎闊，全部設置在建築物的一側，另一側則留作通道走廊。此外，這個街市兩端還有一個儲物室、廁所和廚房。

石棉板屋頂臨時街市

　　除了上述的街市外，工務司署亦在 1931 年在長沙灣興建一座臨時街市。因為這街市屬臨時性質，所以僅以鋼構架和石棉瓦楞板屋頂搭建。此街市原本只設有十個攤檔，後來再增設一間小屋，用作看更宿舍。[32]

3.5 公共工程的新方向

市政局取代潔淨局

這批小型簡約街市是工務司署和潔淨局的合作成果，後者在 1930 年代進行改革。多年來，人們對潔淨局受局限的職能感到不滿。自 1883 年成立以來，潔淨局在香港衛生事務中僅擔任諮詢角色。雖然潔淨局有官守和非官守成員，但其主席為潔淨署署長，即一名公務員。潔淨署並不受制於潔淨局，其職責經常與其他政府部門重疊，從未明確劃分釐定。例如衛生和醫療服務由多個非專業的獨立政府部門分散負責：華民政務司署（Chinese Secretariat）負責監管餐廳、公寓及旅館、工廠及工場、中醫館及中藥房；警察管理售賣食物的小販和食物攤檔；教育署負責處理學校衛生；理民府管理新界的衛生；工務司署負責管理樓宇、政府土地、水務、排汲水系統。正如醫務總醫官（Director of Medical Services）衛寧敦（A. R. Wellington）所述，「（部門之間）嚴重缺乏統籌和合作」。[33] 此外，衛寧敦認為從衛生事務角度而言，醫務總醫官職位只是一個虛銜，因為他並無權指令潔淨署，而潔淨署卻處理大部分公共衛生事務。[34]

衛寧敦在 1930 年建議重組香港的醫療衛生事務架構。他提議更明確地將各個部門之間的職責劃分開來。在他的方案中，潔淨局會進行改革，並會連同潔淨署，負責所有清理垃圾和清潔環境的工作。另一方面，所有政府的公共衛生工作和醫療事務將由一位醫務衛生總醫官（Director of Medical and Sanitary Services）的新官員，和其下的醫務署管理。與此同時，工務司署會負責土地測量、城市規劃、街道及馬路、樓宇興建及管理供排水系統、水務、港口工程和政府土地相關的工作。潔淨局接納衛寧敦的方案，但提議將潔淨局的職能擴大，運作成一個公眾衛生局。[35] 結果，立法局在1935年12月通過《1935年市政局條例》(*Urban Council Ordinance, 1935*)，成立市政局取代潔淨局，並於1936年1月1日起生效。市政局的職責主要涵蓋市區三個領域，即環境衛生、清潔和公共設施。

如《南華早報》所述，市政局實際上是「職能擴大的潔淨局，有更全面的權力」，亦比潔淨局有更多成員。[36] 市政局成員包括由總督委任的主席、任職副主席的署理衛生司、工務司、華民政務司和警察司。除了這五名官守成員外，市政局還有八名非官守成員，任期三年。其中兩名非官守成員由名列陪審員名單，以及獲豁免陪審員服務、但已登記的選民投票選出。其餘六名非官守成員由總督委任，其中三人須是華人。[37]

透過工務貸款為公共工程集資

潔淨局和後來的市政局面臨的其中一個最大難題，是缺乏興建公眾街市的資金。在1920至1930年代，本地的勞工運動和全球經濟蕭條嚴重拖延公共工程項目的進度。由於資金短缺，許多新建築項目如新的精神病院、傳染病醫院、麻風病人庇護所，及九龍醫院的擴建項目均被擱置。[38] 經濟壓力促使香港政府在1927年籌集公共貸款。《南華早報》指政府這個決定使人感到香港已臨近欠債的困境。[39]

其實這並非香港政府首次需要透過公共貸款計劃，籌集資金繳付開支。香港首筆有記錄的貸款是1887年為公共工程籌集的20萬英鎊。在1906年，政府再透過九廣鐵路貸款籌得1,485,733英鎊建造費。1916年，一筆捐獻予大英帝國政府的戰爭貸款籌得300萬英鎊；另外在1925年，一筆貿易貸款籌集了180萬英鎊，用以協助商人渡過罷工和杯葛運動帶來的經濟危機。[40]

政府希望透過工務貸款從認購者籌集500萬港元，其中350萬會用於水務工程（主要涉及城門供水計劃），100萬用於開發機場和港口，還有50萬用於其他公共工程。政府保證為這筆貸款提供6%年利率，並可在1938年11月贖回，或在1932年10月之後任何時候在政府選擇下贖回。[41] 貸款分兩期發放，廣受市民歡迎，反應熱烈。第一批300萬港元的債券在1927年10月開始供公眾認購，隨即被超額認購。其餘的200萬債券於1928年10月開放認購，認購額超過三倍半。[42] 工務貸款大幅減低政府在公共工程支出方面的財政壓力。例如，工務司署在1928年支出650萬港元工程費用，其中294萬元是從工務貸款帳戶中扣除。[43]

然而，香港在1930年代繼續受到不穩定的經濟前景和港幣貶值困擾。幾項大型公共工程項目，如城門供水計劃、啟德機場滑道和機庫，以及香港仔谷供水計劃，均為政府財政帶來壓力。[44] 結果，在1927和1928年籌集的工務貸款，於1931年底便全數用盡。為解決財務困難，政府於1933年宣佈一項計劃，將6%的工務貸款轉為一筆名為「1933年工務贖回貸款」(Public Works Redemption Loan 1933)的新貸款。舊貸款由1933年7月起不會再獲得利息，債券持有人必須選擇以債券換取現金，或將之轉換為年利率4%、為期20年的新債券。政府在1953年8月之前不會贖回這筆新貸款。[45]

政府在1934年6月通過了《港元貸款條例》(Hong Kong Dollar Loan Ordinance)，提供一筆2,500萬港元的新貸款，「用於進行公共工程、贖回一些已記名股票以及作其他用途」。[46] 該條例授權總督不時發行足以產生總金額不超過2,500萬港元的債券。與此同時，工務司署為了節省開支，大幅削減1935年的財政預算，導致一些已擬訂的建築項目被拖延或取消。[47]

1934 年的貸款計劃和隨後幾年削減財政預算，有效減少政府的支出和公共債務。[48] 1937 年，政府從 1934 年的貸款計劃中獲得一些盈餘，並提議用於多項公共工程上，當中包括重建中環街市和興建堅尼地城批發市場。[49]

3.6　小結

第一次世界大戰前後，是香港建築史上一個重要但受到忽略的時期。這個時段為現代主義建築引進香港奠下基礎。工務司署自 1913 年起不再興建西方式樣的公眾街市，反而興建了許多小型、簡單、極少建築裝飾的開放式街市。

工務司署因應三個重要因素而投向簡約主義。第一，一戰後的經濟危機導致生活成本急劇上升，為香港工人階級帶來經濟困難。人們對高生活費感到不滿，加上香港反帝國主義情緒高漲，觸發 1920 至 1930 年代一連串社會動盪和罷工運動。潔淨局認為抑制高昂的生活成本的最佳方法，是通過興建更多街市來引入更大競爭。可是由於缺乏政府資金，實現這個目標極為困難。潔淨局和工務司署的解決方法是將公眾街市的設計簡化，使建築成本降到最低。此外，現代風格建築與西方傳統建築無關，可以避免觸動香港的反英情緒。因此，工務司署在 1913 至 1939 年間，開發了許多實惠且建造簡易的小型開放式街市。

第二，工務司署在 1910 年代採用鋼筋混凝土作為主要建築材料，使興建街市更為迅速和便宜。如第二章所述，工務司署分別於 1911 年和 1913 年採用鋼筋混凝土，興建尖沙咀街市和南便上環街市的屋頂。自此，幾乎所有新公眾街市都改用混凝土建造。採用新材料必然會改變建築物的外觀。工務司署全面採用混凝土，徹底改變香港公眾街市的外貌。

最後，自20世紀初以來，全球建築審美觀有所改變。本章節所描述的社會和經濟困境不僅在香港發生，許多城市在戰爭期間遭到破壞，各地政府需要尋找一個有效率而且經濟實惠的方法來重建城市。第一次世界大戰期間和之後幾年，國際貿易受阻，全球經濟衰退。在此期間，歐洲建築師創出一種推崇簡約主義、抽象主義和功能主義的新審美意識。這些新美學在1930年代於香港盛行，其對香港的影響將在第四章進一步論述。

註釋

1   "Rice Riots: Exciting Week End," *South China Morning Post*, July 28, 1919, 6.

2   Linda Butenhoff, *Social Movements and Political Reform in Hong Kong* (Westport, CT: Praeger, 1999), 50.

3   Michael Share, "Clash of Worlds: The Comintern, British Hong Kong and Chinese Nationalism, 1921–1927," *Europe-Asia Studies* 57, no. 4 (June 1, 2005): 604; Butenhoff, *Social Movements and Political Reform in Hong Kong*, 50.

4   Ming K. Chan and John D. Young, *Precarious Balance: Hong Kong between China and Britain, 1842–1992* (New York: M.E. Sharpe, 1994), 40.

5   "The Strike: The Government's Measures," *South China Morning Post*, March 2, 1922, 8.

6   "The Strike: A Day of Rumours," *South China Morning Post*, February 4, 1922, 7.

7   Chan and Young, *Precarious Balance: Hong Kong between China and Britain, 1842–1992*, 45.

8   "Hongkong Market Prices: Some Suggestions at Sanitary Board Meeting," *South China Morning Post*, September 7, 1927, 9.

9   Tin Tong Lung, "The Drop in Hongkong Dollar: Chinese Writer Stresses the Advantages of Deflation," *South China Morning Post*, October 26, 1929, 13.

10   Town Dweller, "Correspondence: Strike Remedies (VII)," *South China Morning Post*, July 17, 1925, 8.

11   "Hongkong Market Prices: Some Suggestions at Sanitary Board Meeting," 9.

12　"Market Prices: Relation of Stall Rents with the Cost of Living," *South China Morning Post*, November 2, 1927, 10; "High Cost of Living: Discussion at Sanitary Board Meeting on Motion for Investigation," *South China Morning Post*, November 30, 1927, 9–10.

13　"Hongkong Market Prices: Some Suggestions at Sanitary Board Meeting," 9.

14　"High Cost of Living: Discussion at Sanitary Board Meeting on Motion for Investigation," 9.

15　"Hongkong Market Prices: Some Suggestions at Sanitary Board Meeting," 9.

16　Pui Yin Ho, *The Administrative History of the Hong Kong Government Agencies, 1841–2002* (Hong Kong: Hong Kong University Press, 2004), 116.

17　"Report of the Director of Public Works for the Year 1930," in *Administrative Reports for the Year 1930* (Hong Kong: Government Printer, 1931), Q1.

18　"Report of the Director of Public Works for the Year 1930," Q2.

19　"New Kowloon Market: Largest Built by Government since End of War," *South China Morning Post*, November 2, 1957, 7.

20　"Report of the Director of Public Works for the Year 1912," in *Administrative Reports for the Year 1912* (Hong Kong: Government Printer, 1913), P44.

21　"Report of the Director of Public Works for the Year 1922," in *Administrative Reports for the Year 1922* (Hong Kong: Government Printer, 1923), Q87.

22　該地皮原屬富商兼承建商李平（音譯）所有，他在深水埗擁有多個物業。潔淨局選擇該地皮，因為它靠近人口聚居地。為了興建深水埗街市，政府與李平達成協議，以另一區的土地與他交換。見 "Report of the Director of Public Works for the Year 1917," in *Administrative Reports for the Year 1917* (Hong Kong: Government Printer, 1918), Q79; "Official Record of Proceedings, 7 June 1917," in *Hong Kong Hansard 1917* (Hong Kong: Legislative Council, 1917), 43–44; Carl T. Smith, *A Sense of History: Studies in the Social and Urban History of Hong Kong* (Hong Kong: Hong Kong Educational Publishing Co., 1995), 192–193。

23　"Report of the Director of Public Works for the Year 1918," in *Administrative Reports for the Year 1918* (Hong Kong: Government Printer, 1919), Q74.

24　Smith, *A Sense of History: Studies in the Social and Urban History of Hong Kong*, 193–194.

25　"Report of the Director of Public Works for the Year 1919," in *Administrative Reports for the Year 1919* (Hong Kong: Government Printer, 1920), Q53.

26　"Report of the Director of Public Works for the Year 1923," in *Administrative Reports for the Year 1923* (Hong Kong: Government Printer, 1924), Q104.

27　"Old Mongkok Market to Be Torn Down," *Hong Kong Standard*, August 3, 1974.

28　"Sanitary Board Estimates: Provision of Market for Kowloon Tong," *South China Morning Post*, March 23, 1927, 11.

29　"Kowloon Tong Mart," *South China Morning Post*, August 7, 1929, 3; "$10,000 Market for the Residents of Kowloon Tong," *South China Morning Post*, February 13, 1930, 14;

"Report of the Director of Public Works for the Year 1929," in *Administrative Reports for the Year 1929* (Hong Kong: Government Printer, 1930), Q94.

30 "Report of the Director of Public Works for the Year 1930," in *Administrative Reports for the Year 1930* (Hong Kong: Government Printer, 1931), Q111.

31 "Report of the Director of Public Works for the Year 1930," Q111.

32 "Report of the Director of Public Works for the Year 1927," in *Administrative Reports for the Year 1927* (Hong Kong: Government Printer, 1928), Q76.

33 "Memorandum: Changes in the Public Health Organization in Hong Kong during the Period 1927 to 1937," in *Sessional Papers 1937* (Hong Kong: Government Printer, 1937), 104.

34 "Memorandum: Changes in the Public Health Organization in Hong Kong during the Period 1927 to 1937," 103.

35 "Memorandum: Changes in the Public Health Organization in Hong Kong during the Period 1927 to 1937," 104–106.

36 "The Urban Council to Replace Sanitary Board on January 1," *South China Morning Post*, December 30, 1935, 2.

37 "Urban Council Ordinance, 1935," Cap. 101 § (1935).

38 "Memorandum: Changes in the Public Health Organization in Hong Kong during the Period 1927 to 1937," 106.

39 "The Public Works Loan," *South China Morning Post*, August 29, 1927, 8.

40 "The Public Debt," *South China Morning Post*, June 2, 1934, 12.

41 "Hong Kong Government 6% Public Works Loan of 1927," *The Hong Kong Government Gazette*, September 16, 1927.

42 "Rush for Loan: Government Issue Over-Subscribed," *South China Morning Post*, October 18, 1927, 13; "Public Works Loan: Smaller Applications are Allotted in Full," *South China Morning Post*, October 30, 1928, 12.

43 "Colony's Progress: Activities in Public Works in 1928," *South China Morning Post*, September 6, 1929, 17.

44 "Public Works Out of Loan: Nearly Two Million Dollars Wanted," *South China Morning Post*, July 6, 1931, 13.

45 "Redemption or Conversion: Public Works Six Per Cent Loan," *South China Morning Post*, May 12, 1933, 11.

46 "Hong Kong Dollar Loan Ordinance, 1934," No. 11 of 1934 § (1934).

47 "Estimates for 1935," *South China Morning Post*, September 14, 1934, 10.

48 "New Government Loan Well Started," *South China Morning Post*, June 1, 1934, 10.

49 "Loan Works Savings: To Meet Cost of Two New Markets in Kennedy Town District Approved at Council Meeting," *South China Morning Post*, May 27, 1937, 14.

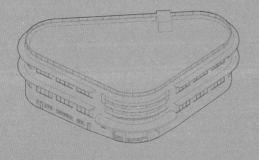

04

第四章　公眾街市與新建築美學

4.1 從上海現代街市汲取靈感

現代建築的誕生

第一次世界大戰帶來的恐懼，隨之而來的全球經濟蕭條，以及建築技術的進步，讓世界各地的建築師意識到舊有西式建築無法滿足現代社會的需求。在歐洲興起的現代主義，使建築師們變得崇尚簡約和嫌棄裝飾。奧地利建築師魯斯（Aldof Loos）在1910年以「裝飾與罪惡」（Ornament and Crime）為題發表演說，指出「文化的進步和從日常用品上去除裝飾是同義詞」。[1] 魯斯把去除裝飾等同於進步的看法，在當時得到不少的建築師認同，反映人們品味的轉變。

這種品味的轉變促使一系列新建築風格的誕生，其中的簡約古典主義、裝飾藝術和現代流線型風格，大約在1930年代從歐洲傳到香港。簡約古典主義在20世紀初的歐洲出現，經常被建築師採用在政府建築之上。它是一種既遵從西方古典建築的龐大規模、對稱和中心感，但卻去除古典裝飾的建築風格。這種風格之所以被稱為「簡約」，是因為建築物上的古典裝飾均被去除，或只以簡略方式表達，剩下可見的只有類似古典建築的結構和比例體系。

裝飾藝術起源於1920年代法國裝飾藝術運動，在歐美發展成為一種主要的視覺藝術和建築風格，然後傳遍世界各地。這種風格呈現出現代大都會的華麗時尚感覺，故此經常被建築師應用在商業建築和室內裝潢之上。它雖然仍強調裝飾的重要，但其對裝飾的處理手法與古典建築完全不同。裝飾藝術建築傾向運用強烈線條和幾何圖形，採用外表閃亮的輕金屬，以及借用古埃及、非洲和東方神話圖騰作外牆浮雕裝飾。

現代流線型風格被認為是裝飾藝術風格後期的一種變異。它出現於 1930 年代經濟蕭條的時代，崇尚實用性建築多於高級建築和裝飾性建築。這種風格推崇機械美感，以輪船、飛機和汽車造型中的空氣動力學線條和體量作為特色。現代流線型風格所注重的流線和橫向感，時常會透過建築物的圓牆角、帶狀窗口、平屋頂、弧形簷篷和遮陽板等構件展現。

這幾種新興的建築風格都是廣義上的現代建築，他們各有特色，但同時亦有一些共同之處，例如對傳統建築裝飾的嫌棄。但它們流行的時間皆不長久，在二戰後漸漸少見。儘管如此，它們擔當着承前啟後的角色，是西方建築脫離古典形式、過渡到現代主義風格的重要一步。

1920 至 1930 年代上海建築的繁華景況

本地的英文報章，特別是《南華早報》，早已留意到現代建築這種新趨勢。有趣的是在 1930 年代，《南華早報》報導有關上海現代建築風格的新聞文章，比報導現代建築發源地的歐洲更多。該報稱頌上海為「東方最先進的港口」，當地的海濱是「東方最美之一」。[2] 記者們高度評價上海的現代建築，包括其現代化的公眾街市。香港的報章時常刊登有關那些街市的新聞，有時還附有照片。

記者們對上海現代建築的仰慕不無道理。和香港一樣，上海是一座融合中西文化的城市。清政府在第一次鴉片戰爭戰敗後，被迫開放上海、廣州、廈門、福州和寧波五個口岸對外通商。1842 年中英簽訂《南京條約》，容許外國人在上海市特定範圍內居住、經商、購買和租賃土地。隨後，英國、美國和法國分別於上海設立居留地和租界。這三個國家的領事在 1854 年成立上海公共租界工部局（Shanghai Municipal Council），負責管理這些外國人居留地的市政和公共工程。[3] 工部局每年由租界的外籍居民選舉產生，成員多為商界精英和地主。可是法國在1862年退出工部局，翌年，英、美居留地合併形成公共租界。

外國人的參與促使上海由一個海濱小鎮，迅速發展成為國際經濟中心。1896年中日雙方簽訂《馬關條約》，授權日本人在各個通商口岸從事各種製造業。結果，許多日本商人在上海開設工廠，令到隨後的幾十年當地人口快速增長，建築工程愈漸頻密。到了1935年，上海的人口已接近400萬。因應人口增長，大量現代建築，如酒店、舞廳、電影院、百貨公司、理髮店、公園和林蔭大道在上海興建。這些建築和基建設施成為城市生活的基礎。李歐梵就曾經指出，上海的半殖民地處境，反而諷刺地造就了中國近代最精湛的城市文化。[4]

自1868年起在香港執業的建築事務所公和洋行（Palmer and Turner，後改譯「巴馬丹拿」），其資深合夥人洛根（Col. M. H. Logan）談及上海驚人的城市發展和宏偉的建築，將1910至1930年代上海「建築革命」的成因，歸功於當地低廉的土地成本、現代化的建築機械和深謀遠慮的商人。洛根聲稱「香港的建築水平比上海落後十年，若香港要追上現代城市發展，就必須徹底改變其建築方法」。[5]洛根並強調香港不能落後於上海，呼籲改革香港建築生產。

上海的現代建築對於推崇功能主義和理性主義的香港政府官員和建築師而言，是值得仿效的典範。1936年10月，市政局主席杜德（Ronald Ruskin Todd）到訪上海，考察當地新建的現代街市。他回港後指示工務司署的建築師在設計中環街市時，參考上海的案例。[6]

上海公共租界的公眾菜場

和香港的街市一樣，上海的有蓋公眾街市亦是從外國傳入。上海工部局在公共租界興建了多座公眾街市，以確保食品供應受到妥善監管。這些公眾街市有助管控租界的健康和衛生。例如在1906年，上海死於霍亂的人數持續增長。工部局發現霍亂最嚴峻的地方，就是那些還未開設公眾街市的地區。[7]

上海公共租界最早落成的公眾街市是虹口菜場，1890年由工部局工務司署興建。該街市坐落於一塊三角形地皮，由於形狀獨特，虹口菜場時常被華人稱為「三角地菜場」（圖4.01）。這座單層街市為開放式街市，檔口均開向街道。建築物採用水泥地板，瓦頂則由木柱支撐。自虹口菜場落成幾十年來，一直都是公共租界內最大的農產品銷售點。到訪中國的美國作家兼傳教士蓋姆韋爾（Mary Louise Ninde Gamewell）在1916年寫道：「這個菜場對上海而言，有像柯芬園市集對倫敦的價值。」[8] 作為一個外國人，蓋姆韋爾發現其中一個最快了解中

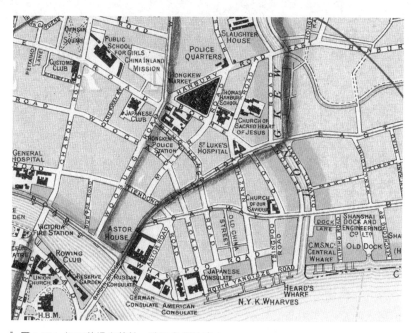

圖4.01 虹口菜場坐落於一塊三角形地皮上。
(Waterlow and Sons, *Map of Shanghai* [London: Waterlow & Sons Limited, 1918].)

圖4.02 最早的虹口菜場是一座單層木結構建築。
(*Shanghai. Hongkew Market*, 1910, postcard, The Miriam and Ira D. Wallach Division of Art, Prints and Photographs: Picture Collection, New York Public Library Digital Collections.)

國的方法,就是到訪虹口菜場。她留意到這個街市內的女性沒有男性那麼多。那些沒有檔位的小販們,會在街市旁邊的行人道上排成一行,蹲在他們的籃子旁邊做生意(圖4.02)。

踏入20世紀,上海在建築工程技術方面取得突破。於1908年落成的上海華洋德律風公司(Shanghai Mutual Telephone Company),是第一座完全由鋼筋混凝土建造的大廈。[9]1915年工部局改建虹口菜場,運用鋼筋混凝土建造了一座三層高建築。[10]改建後的虹口菜場三個角位呈圓角,使它有一個與眾不同的形狀(圖4.03)。新街市採用鋼筋混凝土結構,混凝土柱頂帶有托架,這些柱子稍微向樓板邊緣退縮,因

圖 4.03 虹口菜場於 1915 年改建為一座三層高街市。
(Shanghai Municipal Council, *Report for the Year 1923 and Budget for the Year 1924*
[Shanghai: Kelly & Walsh, 1924], facing 236.)

此欄杆可以連續沿着整棟建築物邊緣安裝。虹口菜場沒有任何外牆包
圍，而且中間有一個天井，故此能確保通風良好。此街市於 1923 年擴
建，天井被加蓋玻璃屋頂。在 1920 年代中期，虹口菜場的業務量相當
於公共租界內所有其他公眾街市的總和。[11]

　　新虹口菜場落成後，鋼筋混凝土成為工部局公眾街市首選建築材
料。例如在 1924 年落成的梧州路菜場、伯頓路菜場和北福建路菜場，
均採用鋼筋混凝土建造。之後在 1926 年，馬霍路菜場亦被改建為兩層
現代混凝土建築。[12]

1930年代上海興建的現代多層街市

工部局在1930年代決定增加公眾街市數量。公共租界當時分為中區、東區、西區和北區。工部局的策略是在每區設立一所配備有食品冷藏設備的大型街市，然後再精心挑選一些位置設置多所小型街市。在1930至1935年間，公共租界增建了五所現代多層街市，使租界的街市總數達到17座（表4.1）。這五所街市分別為福州路菜場、北京路菜場、小沙渡路菜場、匯山路菜場和新閘路菜場。工部局大規模興建街市的計劃引起香港市政局主席杜德注意，吸引他於1936年到訪上海。

地區	菜場	面積（畝）
\多column cell	**表 4.1　1935 年上海公共租界的公眾街市**	
中區	福州路菜場	3.408
	北京路菜場	2.535
東區	東虹口菜場	2.199
	遼陽路菜場	2.305
	平涼路菜場	2.400
	松潘路菜場	2.462
	齊齊哈爾路菜場	2.332
	匯山路菜場	3.370
	梧州路菜場	1.150
	楊樹浦菜場	0.833
西區	小沙渡路菜場	2.626
	馬霍路菜場	1.947
	新閘路菜場	5.792
北區	愛爾近路菜場	3.171
	虹口菜場	9.836
	北福建路菜場	2.277
	伯頓路菜場	1.435

(Shanghai Municipal Council, *Report for the Year 1935 and Budget for the Year 1936* [Shanghai: North-China Daily News & Herald, 1936], 230.)

福州路菜場是一座位於公共租界中區的大型街市。這座在1930年
5月開業的四層高街市由鋼筋混凝土平樓板造成，支撐樓板的混凝土
柱頂有大柱帽。和虹口菜場一樣，福州路菜場的柱子稍微向樓板邊緣
退縮，使外牆得以擺脫承重功能。這樣整個街市外牆便可以連貫地安
裝玻璃窗，使室內可以得到足夠照明（圖4.04）。這樣的立面處理為福
州路菜場帶來與早期街市完全不同的現代外觀。將外牆脫離結構的做
法，以及在整個外牆上開設一連串帶狀窗口，是科比意提倡的兩種現
代設計手法。方形玻璃窗亦讓人聯想起格羅佩斯設計的包浩斯設計學
校。街市的牆角修成圓角，使建築物具有流線型外形。另外，福州路
菜場有許多其他街市欠缺的新設備，例如能通往各層的升降機和安放
在地庫的冷藏庫。地下店鋪開向街道，並設有沖水的男、女廁。福州
路菜場頂層曾用作工部局樂隊及特別警察辦公室。[13]

圖4.04 福州路菜場的牆角修成圓角。
(Shanghai Municipal Council, *Report for the Year 1930 and Budget for the Year 1931*
[Shanghai: Kelly & Walsh, 1931], facing 188.)

圖 **4.05**　小沙渡路菜場的流線外貌。
(Shanghai Municipal Council, *Report for the Year 1933 and Budget for the Year 1934*
[Shanghai: Kelly & Walsh, 1934], facing 186.)

　　如果説福州路菜場隱約受到科比意影響，那麼小沙渡路菜場就是
工部局建築師更明確地遵循科比意理念的好例子。潘翎評論道：「小沙
渡路菜場非常接近實現科比意對架空高蹺建築的構想，具不受約束的
立面設計和橫向帶狀窗。」[14] 小沙渡路菜場位於西摩路和陝西北路的轉
角處，於 1933 年 7 月 1 日開業。兩層高的街市由和外牆分離的混凝土
柱支撐。整個外牆都開了連貫帶狀窗。底層四面開放，沒有任何外牆
包圍，這個佈局讓街市看似從地面被托起。小沙渡路菜場表面沒有任
何裝飾，牆角亦被造成圓角，整棟建築物帶有強烈的流線感和幾何感
（圖 4.05）。

　　工部局不但將公眾街市的設計和建造現代化，而且還在公共租界
內開發多所大型批發市場。工部局在 1935 年於狄思威路（即今溧陽路）
和沙涇路交界，興建鮮肉市場和冷藏庫。這座街市毗鄰早兩年落成、

規模宏大的工部局宰牲場。這兩座混凝土建築很大可能均由工部局同一位建築師設計。兩者建築特色相似，同樣受到上海流行的裝飾藝術影響。[15] 裝飾藝術在上海首先出現於法租界的零售店店面，但很快傳到公共租界。工部局建築師把鮮肉市場和冷藏庫以及宰牲場兩座建築物的外牆，都設計成帶裝飾藝術風格的通花水泥牆，由圓圈、直線等幾何鏤空圖案構成，同時可讓建築物內部得到自然採光和通風。除此之外，建築物外牆還刻上裝飾藝術浮雕（圖4.06、4.07）。

圖 4.06 工部局宰牲場外牆以裝飾藝術風格設計的通花水泥牆裝飾。
(Shanghai Municipal Council, *Report for the Year 1933 and Budget for the Year 1934* [Shanghai: Kelly & Walsh, 1934], facing 211.)

圖 4.07 1935年落成於狄思威路和沙涇路交界的鮮肉市場和冷藏庫。
(Shanghai Municipal Council, *Report for the Year 1935 and Budget for the Year 1936* [Shanghai: North-China Daily News & Herald, 1936], facing 127.)

香港《南華早報》報導了鮮肉市場和冷藏庫竣工的新聞,並將之描述為「上海最新的現代建築」。[16] 這座建築完全採用鋼筋混凝土建造,外面飾以錘擊表面。內部鋪上灰泥,在窗邊水平位置則用特殊油漆處理,以上位置則塗白。市場底層設有冷藏庫,可供屠夫們租用。一樓是主要的市場樓層,可容納72個肉檔,每個面積約40平方呎。這一層的天花裝上移動掛鈎,形成了一個架高的運輸網絡,方便運送已屠宰的牲畜,避免其接觸地面,亦能節省時間(圖4.08)。這個市場還有兩個冷藏室,溫度設在華氏32至35度,最多可存放71,000磅肉類不超過一週。從一樓的市場樓層和地下冷藏室,可通過架空的運輸軌道,以重力、電動起重機和輸送帶,把肉類運送到卸貨平台。同時,亦可透過電動運輸帶,經接駁橋與宰牲場連接。[17]

圖4.08 鮮肉市場和冷藏庫內的架高掛鈎運輸網絡。
(Shanghai Municipal Council, *Report for the Year 1935 and Budget for the Year 1936* [Shanghai: North-China Daily News & Herald, 1936], facing 127.)

4.2 從古典到現代主義：簡約古典主義

混凝土建造的大型公眾街市

雖然上海由1920到1930年代經歷建築熱潮，但香港仍在經濟衰退中掙扎。由於缺乏資金，許多公共工程項目，包括興建新街市，均被取消或擱置。自1913年南便上環街市竣工後，工務司署便沒有再興建多層公眾街市，反而如第三章所述，以最少人力和建築成本興建了許多小型簡約開放式街市。停工近二十年後，市政局和工務司署在1930年代恢復興建多層街市，建造了西營盤、灣仔和中環三座街市。此外，亦興建了堅尼地城批發市場，成為香港首個批發市場。以上提到的所有街市都興建在香港島。

1930年代恢復興建大型公眾街市，可能基於兩個重要原因。第一，1920年代末和1930年代推出的各項公共工程貸款計劃，大幅減輕政府的財政負擔。在本章討論的四個街市中，中環街市和堅尼地城批發市場均是利用1934年《港元貸款條例》下的貸款計劃餘錢興建。

第二，舊灣仔街市、西營盤街市及中環街市急需重建。這三座位於昔日維多利亞城範圍內的街市分別落成於1858、1864和1895年，後來已變成殘舊不堪的危樓。在重建這些街市時，市政局決定將公眾街市的批發部分移除。因此，工務司署須要另外興建堅尼地城批發市場，以重新安置原本位於舊公眾街市的批發欄。從此，香港的公眾街市僅提供零售服務。

移除裝飾：西營盤街市（1932）

於1864年落成的舊西營盤街市位於正街和第一街交界。隨着街市老化，工務司署在1924年開始計劃將之重建。[18] 不過，雖然該項目被政府視為緊急項目多年，卻遲遲未能獲批預算。直至1928年，政府才將該項目納入財政預算，很可能是因為最終能夠從工務貸款獲得所需資金。[19]

1930年6月的一場暴雨，使舊西營盤街市部分屋頂倒塌，導致一名女子喪生。工務司署人員調查發現，屋頂橫樑出現濕腐情況，推測街市建築結構被暴雨削弱。[20] 由於屋頂局部倒塌或會危及整棟建築物，工務司署需要緊急重建該街市。工務司署並沒有在原址將之重建，反而決定將街市搬到正街對面的空地（圖4.09）。東山建築公司（Tung Shan & Co.）以港幣260,525元投得工程合約。新街市在1930年10月施工，並於1932年4月22日開始營業。[21]

▌圖4.09 舊明信片顯示西營盤街市夾雜在一排唐樓之中。

西營盤街市的設計表現出強烈的簡約古典主義風格（圖4.10）。和之前興建的四個多層街市不同（見第二章），西營盤街市並無任何西方傳統裝飾，缺乏香港公眾街市常見的建築元素，如西方古典柱式、拱門、窗套、牆身裝飾線條等等。實惠和簡潔的簡約古典主義設計，能配合工務司署當時的資金和時間限制。西營盤街市和昔日的多層街市，最大區別在於所用的建築材料。20世紀初興建的愛德華時代建築風格多層街市，均採用金屬框架結構，外牆則用紅磚鋪砌。相反，西營盤街市由鋼筋混凝土製成，表現出現代、簡約和一體性的外貌。圍繞建築物的裝飾線條減至只有一些混凝土橫坑紋，使建築物帶有強烈的橫向感。這些橫坑紋佈滿建築物的底部，看來像西方古典建築的粗琢石基（圖4.11、4.12）。由於西營盤街市位於一條斜路，只能採用幾乎對稱的設計。街市的中心部分比建築物其餘部分高，因此容易成為焦點，十分顯眼。街市外牆上開有無裝玻璃的大窗口，使自然光線和新鮮空氣能夠進入建築物內部。

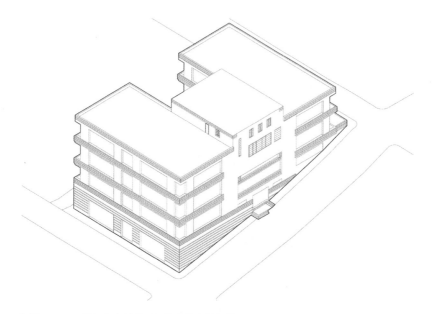

圖4.10 西營盤街市外牆以混凝土橫坑紋裝飾。

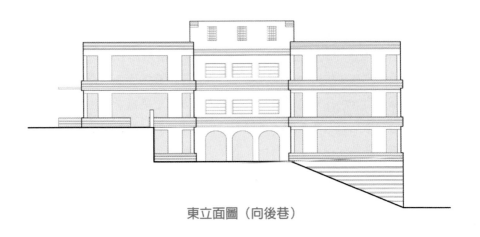

東立面圖（向後巷）

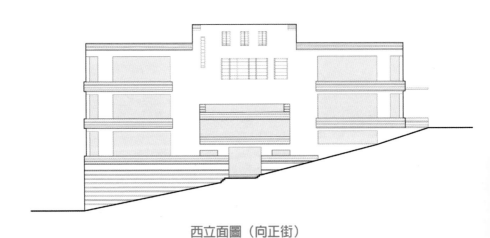

西立面圖（向正街）

▌ **圖 4.11** 西營盤街市的立面和剖面圖。

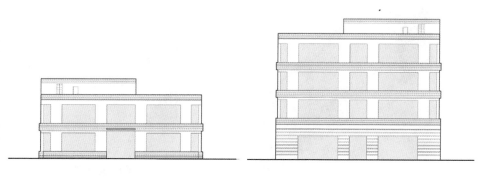

南立面圖（向第三街）　　　　　　　北立面圖（向第二街）

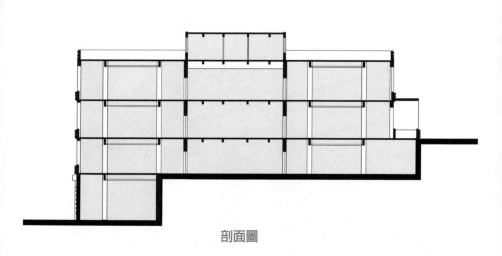

剖面圖

圖 4.12 環繞着西營盤街市的混凝土橫坑紋。
(P1973.388, n.d., photograph, Hong Kong History Museum.)

除了西營盤街市外，工務司署也設計了幾棟簡約古典主義風格的政府建築。最著名的例子是與西營盤街市同年落成的灣仔警署。兩棟建築有許多共同之處：兩者皆有現代、簡約和樸素的外貌；兩者均採用對稱設計，主入口所在的中央部分較高；兩者均採用「U」形平面設計，大樓包圍着一個露天空地；兩棟建築正面皆以混凝土簷口和橫坑紋裝飾。灣仔警署的露天外廊開設在行人路上，由間距均等的柱子支撐，遵從西方古典建築的對稱和秩序，將當中的精髓保留（圖4.13）。其他工務司署設計的簡約古典風格公共建築，包括半山區警署（1935）和瑪麗醫院護士宿舍（1937）。

圖 4.13
灣仔警署，與西營盤街市均落成於1932年。

　　新的西營盤街市位於正街，是一條陡峭的斜路。此街市採用「U」形平面設計，面向正街的主樓連接着建築物的南、北翼。這棟建築有三層，部分北翼底下設有地庫，內有儲物室和電錶房，可以直接由地勢較低的第二街進入。鄰接第三街的南翼設有側入口，人們可由第三街直接進入街市一樓。街市主樓和南北兩翼圍繞着一個通往後巷的露天分貨場（圖4.14）。

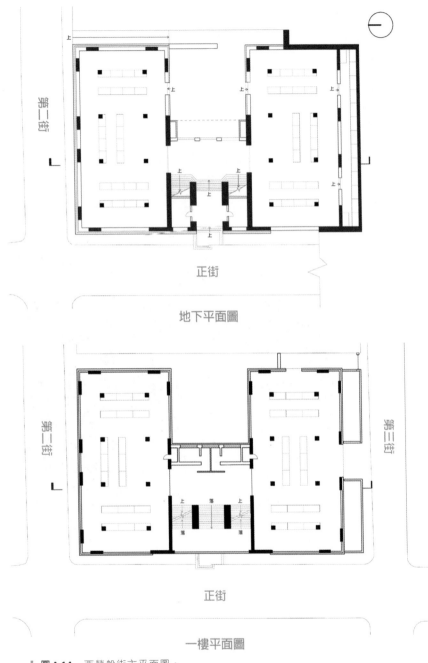

地下平面圖

一樓平面圖

圖 4.14 西營盤街市平面圖。

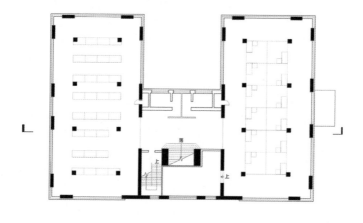

二樓平面圖

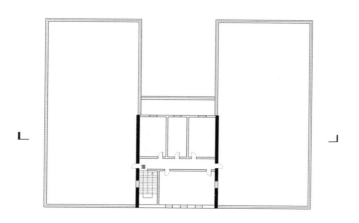

屋頂平面圖

南、北翼內是街市樓層。地下有48個魚檔；一樓有18個牛羊肉檔和18個菜檔；二樓有30個豬肉檔和12個家禽檔。主樓設置樓梯、看更室、洗手間、廚房和家禽屠宰房。主樓頂部另外設有一個樓層，為街市16個苦力和8個工頭提供住宿（表4.2）。[22]

表 4.2　西營盤街市的空間規劃		
	北翼	主樓	南翼
屋頂	—	16個苦力和8個工頭的宿舍、一個廚房及一個洗手間	—
二樓	30個豬肉檔	家禽屠宰房，洗手間及廚房各一	12個家禽檔
一樓	18個牛羊肉檔	洗手間及廚房	18個菜檔
地下	24個魚檔	洗手間及看更宿舍各一	24個魚檔
地庫	儲物室和電錶房各一	—	—

（根據 "Report of the Director of Public Works for the Year 1930," Q59–60 及工務司署圖則整合。）

西營盤街市有一條大型樓梯，連接正街的主入口。樓梯分叉成兩條較窄的階梯，一條只許人們向上行，另一條只許向下，將向上和向下的人流明確分開。有些前檔主憶述，昔日很多半山區富裕家庭的傭工會在西營盤街市購物，她們時常坐在樓梯上休息和聊天。許多家庭主婦在購物時，亦會讓小孩留在樓梯等待。[23]

有些舊顧客指出，他們選擇在西營盤街市購物，是因為它是該區唯一能買到鮮魚的地方。他們可以從街頭小販購買其他食品，但不能買到鮮魚。不過有前魚檔檔主埋怨檔位沒有魚缸，使他們經營困難。這些檔主需要將魚放在一大塊冰上保鮮。[24]

西營盤街市服務街坊六十年。建築署在1993年評估街市的結構狀況。雖然無明顯危險跡象表示街市需要立即進行修復，但建築署認為再將之維修不符合經濟效益。[25] 於是，該街市於 1994 年被拆卸，並重新發展成一所新街市。

4.3　去除裝飾：簡樸和流線型的街市

現代流線型建築：灣仔街市（1937）

1932 年西營盤街市的落成，使潔淨署和工務司署更有信心開發現代風格的多層街市。下一個多層街市位於灣仔，該區人口在 1920 年代末、海旁東填海工程完成後急劇增加，有三百多座住宅樓房和大量華人經營的生意場所在新填海土地上落成。建成於 1858 年的舊灣仔街市是該區唯一一所街市，為一座單層西式建築（見第一章 1.5 節）。這座街市雖然在 1904 年獲擴建，但仍然太殘舊、細小，潔淨署署長佘義（Geoffrey Robley Sayer）也認為它「顯然應盡早拆除」。[26] 為了配合人口增長帶來的需求，潔淨署一方面興建了駱克道街市和軍器廠街街市，另一方面於 1932 年 7 月向政府提議重建灣仔街市，打算擴大其規模一倍。

根據工務司署最初在 1932 年 8 月擬訂的方案，新的灣仔街市將會樓高三層，並且會重建在舊街市的地皮上。然而佘義認為街市不應高過兩層，因為顧客不願行樓梯到頂層，寧願經由街頭無牌小販購買食物。[27] 他提議將街市搬到灣仔道對面，海軍醫院範圍內一塊面積更大的地皮。這樣街市可以減至兩層樓高，但仍能按照原本方案，提供相同數量的檔位。要搬遷灣仔街市，便需把舊街市前面的高欄島紀念碑搬到新的位置。[28] 此外，皇后大道東一段時常發生交通意外的危險彎角亦需要重整。[29]

不幸的是，由於財政緊絀和1934年港幣貶值，政府擱置多項公共工程項目，包括灣仔街市的重建計劃。多名立法局非官守議員反對這項決定，其中一位為申頓（William Shenton），他促請政府繼續重建灣仔街市，又提醒總督，1926年委任的高生活成本委員會曾提出意見，指出增加街市數量將有助降低生活成本。[30]

圖 4.15 灣仔街市設計受現代流線型風格影響。
（P1973.416, n.d., photograph, Hong Kong History Museum; 下面相片由吳韻怡提供。）

最後政府回應非官守議員們的請求，重新將灣仔街市納入其財政預算。[31] 該街市工程於1935年施工，上蓋工程合約由發利建築公司（Yeung Fat & Co.）投得。由於鋼架結構由英國運送時出現延誤，灣仔街市工程在1936年曾擱置多個月。街市最終在1937年3月竣工。[32] 在街市正式開幕之前，檔主們請來一名道士進行一場香火儀式，為社區祈福及為新街市驅邪，吸引了許多街坊圍觀。[33] 灣仔街市於1937年4月1日開始營業。

《南華早報》形容灣仔街市為一座「現代建築」及「香港和中國大陸兩地最優良的街市」（圖4.15）。[34] 灣仔街市是其中一座罕有地採用現代流線型風格的政府建築。另一僅存例子是工務司署於1941年興建的羅富國師範學院。該學院於2000年成為般咸道官立小學校舍，於2021年7月被政府列為法定古蹟，成為香港第一座得到法例保護的現代建築（圖4.16）。

▎**圖4.16** 羅富國師範學院（現為般咸道官立小學）有一流線型樓梯。

興建灣仔街市是工務司署一項突破，因為該街市是第一座完全不遵從西方傳統建築習慣而設計的公共建築。這個街市與五年前落成的西營盤街市所採用的簡約古典主義截然不同。西營盤街市含有一個較高的中央部分，使建築物帶有強烈的中心和對稱感，是西方古典建築的傳統。相反，灣仔街市採用平屋頂，因此整棟建築物保持同一高度，外觀呈一體性。雖然沒有一個較高的中央部分，但灣仔街市的巨型入口和上面的帶狀窗，營造出建築物的中心感。灣仔街市採用獨特的三角形平面設計，三個轉角位皆修為圓角，因此具有流線型外觀。主要入口開設在皇后大道東和灣仔道交界的一個最人圓角位置。該入口十分寬闊，上蓋有一個大弧形混凝土簷篷（圖4.17）。主要入口頂部開有三個帶狀窗口，上面均有長長的弧形遮陽板。其他的窗口也有遮

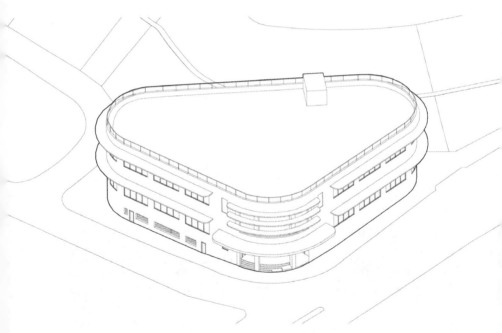

▌ **圖 4.17** 灣仔街市採用獨特的三角形平面設計和圓角修飾。

陽板，既遮擋陽光，亦為街市帶來強烈橫向感（圖4.18）。所有窗口均無安裝玻璃，只裝上金屬護欄。

　　灣仔街市採用幾乎對稱的設計，切合傾斜的地皮。這個街市共有兩層及一個地庫。主要入口設置一條大型樓梯，並分叉成兩條較窄的階梯，到達一樓位置再度連合（圖4.19）。地下設有30個配備魚缸的魚檔、冰庫、苦力宿舍和公廁。一樓有18個配備層架的蔬菜檔、22個肉檔、15個家禽檔、家禽去毛房和工頭宿舍（圖4.20）。[35]

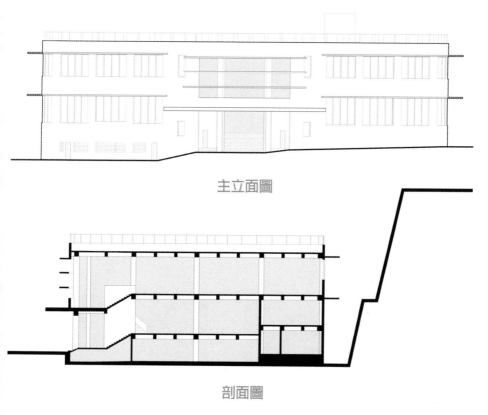

主立面圖

剖面圖

圖4.18　灣仔街市的立面和剖面圖。

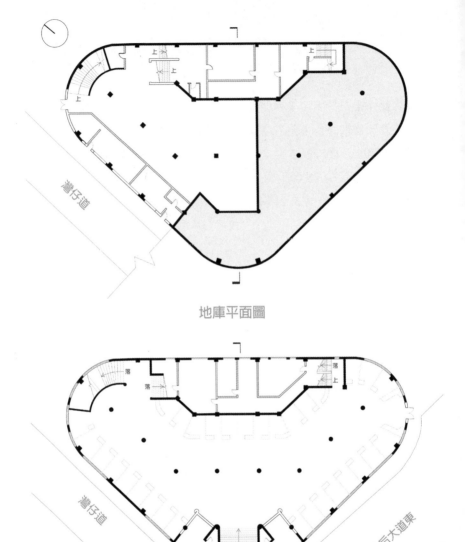

地庫平面圖

地下平面圖

圖 **4.19** 灣仔街市平面圖。

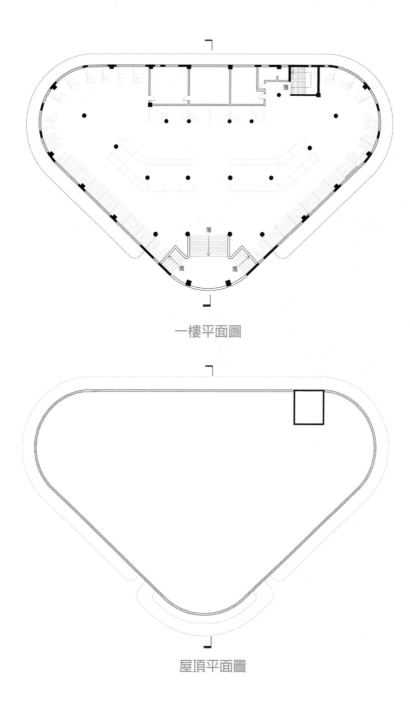

一樓平面圖

屋頂平面圖

圖 4.20 灣仔街市結業前的室內情況。
（相片由吳韻怡提供。）

《南華早報》讚揚灣仔街市「在各方面都是最先進的」，而且「細心考慮到衛生問題，並配備現代便利設施」。[36] 這些現代便利設施包括開設在後巷附近的側入口，改變了由主入口輸送貨物的慣常做法。此外，地板和檔位均鋪上水磨石，有助時刻保持地方清潔。生肉還可以存放在地庫的冷藏庫中。附近居民普遍認為，灣仔街市寬敞、通爽和光猛，全因街市樓底高、入口和窗口又大又闊。[37]

灣仔街市的頂層在 1966 年改建為兒童遊樂場，配合該區居民以及檔主的小孩對遊樂場地的迫切需求。它是香港第一個街市屋頂遊樂場，內置有鞦韆、搖搖板、立體格子鐵架、雙槓、平行攀架、跳飛機範圍、乒乓枱和公園長椅等。為了保障兒童安全，遊樂場範圍豎立了七呎高的圍欄。[38]

灣仔街市在1990年被古物諮詢委員會評定為三級歷史建築。次年，當時的土地發展公司提出一項市區重建計劃，內容牽涉拆卸灣仔街市以供發展高樓大廈。即使街市面臨被拆卸的危機，當時的古物諮詢委員會委員卻「同意街市並無重大歷史價值」。[39] 不過，當政府在1996年批准灣仔進行市區重建，土地發展公司與私人發展商簽訂合同後，多個保育團體、香港建築師學會和本地建築師都強烈要求保留灣仔街市。[40] 結果，古物諮詢委員會在2000年再度投票，同意保留該街市，但此項要求被土地發展公司和規劃署駁回。

　　土地發展公司在2001年解散，灣仔市區重建計劃交由新成立的市區重建局負責。香港建築師學會和其他保育團體繼續向古物諮詢委員會和市區重建局施壓，試圖挽救街市。基於這些訴求，市區重建局和發展商在2007年同意探討可行方案，在不違反合約內容以及資金和技術限制下，保留灣仔街市。他們最終採納的方案是在已有街市大樓上興建一棟住宅大廈，使街市大部分外牆及其構件包括主入口、弧形簷篷和遮陽板得以保留（圖4.21）。[41]

圖 4.21　一棟住宅大廈興建在灣仔街市之上。

一座樸素建築：堅尼地城批發市場（1937）

　　直至1937年，大型公眾街市如中環街市和北便上環街市，都兼備批發和零售功能。堅尼地城批發市場是第一個專門為食物批發而設的街市，以紓緩中環街市的擠逼問題。中環街市的批發欄與下層的零售檔位並存，批發商們在清晨時分將鮮魚和蔬菜由海旁運送到街市期間，往往會將大量貨籃和貨物胡亂堆放在街市毗鄰的租庇利街和域多利皇后街。[42] 它們不但阻塞交通，而且令到整個中環市中心地段變得骯髒不堪。為了解決這些問題，市政局決定重建中環街市，並同時在堅尼地城填海得來的土地上興建一個新批發市場。這兩個項目的資金均來自1934年《港元貸款條例》下貸款計劃的餘款。[43]

圖 4.22　堅尼地城批發市場採用簡單的現代風格設計。
(P1973.381, n.d., photograph, Hong Kong History Museum.)

堅尼地城批發市場位於加多近街，專門批發蔬菜和鹹淡水魚（圖4.22）。這個市場佔用了一塊鄰近屠房的地皮，是過往用來飼養豬牛的棚寮所在地，距離堅尼地城焚化爐不遠，好處是與華人住宅區分開。由於市場位於海邊，故容易取得海水作洗滌和清潔之用。[44] 批發市場的上蓋工程批給東山建築公司，亦即建造西營盤街市的同一承建商。工務司署在1937年7月29日將此批發市場交給市政局。[45]

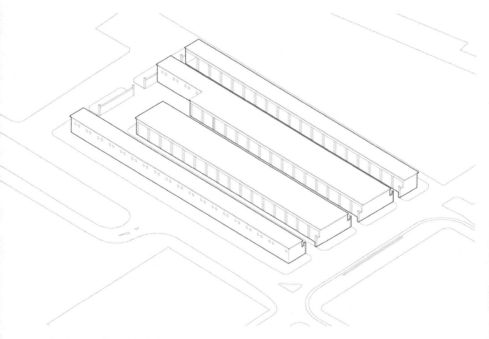

▍圖4.23　堅尼地城批發市場內有四棟長形建築物，排列成四行。

　　堅尼地城批發市場內有四棟長形單層建築物，整齊排成四行（圖4.23）。這個佈局讓三條內街貫穿整個街市，每條均設有供車輛通行的出入口，貨車容易駛入市場卸載貨物。每條內街兩側為根據不同食品種類設置的批發欄。每個欄皆以隔牆分開，十分寬闊且有利通風。這個批發市場亦設置了看更宿舍、冰庫和公廁（圖4.24）。

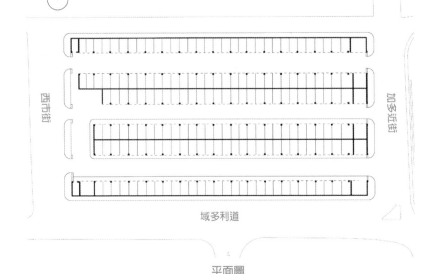

西市街

加多近街

域多利道

平面圖

圖4.24 堅尼地城批發市場平面圖。

　　西營盤街市和灣仔街市分別以混凝土橫坑紋和用作遮蔭的弧形遮陽板為特色。與上述兩者比較，堅尼地城批發市場的建築特色更為簡約樸實。街市內的批發欄只是一座設計簡單、低矮的混凝土開放式建築物。堅尼地城批發市場沒有任何裝飾，其重複排列的欄和長長的白灰泥牆，成為這個市場最廣為人知的建築特徵。它的樸素外觀反映設計者崇尚實用性多於美感。

　　在1950年代初期，堅尼地城批發市場出售的鮮魚有一半來自香港仔的漁民。為了縮短運魚的時間，市政局於1952年6月在香港仔開設了一個新的魚類批發市場，並且把堅尼地城批發市場的魚類部門搬到該處。[46] 自此，堅尼地城批發市場變成一個單純的蔬果批發市場。

　　到了1971年，香港消耗的蔬菜總量增至395,000公噸，其中54%、即212,000公噸由外地進口。95%的進口蔬菜是通過海路和鐵路運輸抵港，並經堅尼地城批發市場批發，或在該處轉運。就堅尼地城批發市場處理的大量生意而言，這個市場面積太小。由於空間不足，大部分批發業務唯有在批發市場鄰近的地方和街道進行。例如貨車需在批發市場外圍的街道卸載貨物，對該區的交通造成很多不便。港島中西區區議會多年來收到不少堅尼地城居民投訴，指該批發市場導致該區衛生惡劣和交通擠塞。[47]鑑於以上各種問題，市政局決定將堅尼地城批發市場搬遷至西區填海區，並在長沙灣增設一個新的批發市場。

1991年西區批發市場落成後，堅尼地城批發市場被空置，大部分建築物都被拆卸，只有其中一棟建築物的局部保存至今。批發市場的地皮先在1990年代中期改作公眾停車場，然後在1999年改建為加多近街臨時花園，至今仍然使用（圖4.25）。堅尼地城批發市場保留下來的建築，成為花園的一部分。該建築物有一半改用作休憩區，另一半則圍封起來，供政府儲物之用（圖4.26）。

▎**圖4.25** 一部分原堅尼地城批發市場改建為加多近街臨時花園的休憩區。

▎**圖4.26** 空置的堅尼地城批發市場，牆上仍保留着一個前批發欄的招牌。

現代風格：中環街市（1939）

1936 年 6 月，中環街市一樓有部分位置因建築結構出現缺陷而倒塌，情況嚴重。這座街市落成於 1895 年，是工務司署在皇后大道同一位置上建造的第三代中環街市。所鄰接的皇后大道在過去幾十年向東西方向延長，中環街市所處一段改稱為「皇后大道中」。街市另一端面向的海濱，在填海完成後改稱「德輔道中」。

很多政府官員都認為中環街市非常陳舊，與其花費大筆金錢維修，不如把整座街市拆卸重建。[48] 比如總督郝德傑（Andrew Caldecott）就指出中環街市「長期受到批評」，因為它「遠低於現代標準」，而且極為擠逼。[49]《香港及華南建設者》（Hong Kong and South China Builder）雜誌形容中環街市為「殘舊、潮濕、昏暗和令人不快的建築」，它的「佈局差劣，污物和垃圾被棄置在難以清潔的角落，發出惡臭」。[50]《南華早報》也認為這座西方建築風格的中環街市是「過時之物」，又表示街市惡劣的外觀和環境源於它既有零售部分，同時亦有鮮魚和蔬果批發欄，故此產生很多垃圾、排泄物和污物。[51] 因此，郝德傑在 1936 年 12 月建議重建中環街市，並且將當中的批發生意轉移至新建的堅尼地城批發市場。在這個安排下，新中環街市將會只從事零售生意。

新中環街市和堅尼地城批發市場的資金，均由 1934 年貸款計劃的餘款提供。工務司署要等待堅尼地城批發市場竣工，以及待所有批發商都搬到那裏後，才可開始中環街市的重建工程。中環街市在 1937 年 9 月開始施工，工程歷時兩年。在工程進行期間，所有牛肉、豬肉、鮮魚和家禽的零售檔位，都暫時安置在南便上環街市，該街市的批發欄也會同時搬到堅尼地城批發市場。[52]

市政局主席杜德在 1936 年 10 月參觀上海的現代街市，希望作為新中環街市的參考。杜德明白上海和香港的情況不同，但他敦促工務司署學習上海街市的建築優點，並應用到中環街市身上。[53] 新中環街市由工務司署建築師Alfred Water Hodges及工程師R. P. Shaw設計。這街市上蓋工程的承建商是德興公司，亦即九龍塘街市的承建商。[54]

　　新中環街市的規劃和佈局均與其前身相似。這座街市是一棟長方形建築物，中間有一個大天井（圖4.27）。每層都設有一條圍繞天井而建的主要通道，兩側設置食品檔位（圖4.28）。這個天井除了用來通風和採光，還用作擺放檔主的菜籃、雞籠等等（圖4.29）。天井中間建有一條行人天橋連接一樓和二樓。在皇后大道中和租庇利街的轉角，蓋有一座兩層公廁，連接着這座街市。

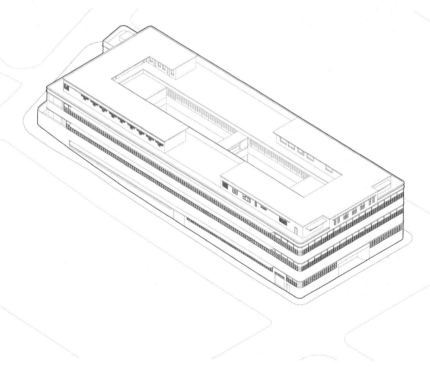

圖4.27　中環街市是一棟中間開有一個大天井的長方形建築物。

圖 **4.28**　食品檔位設置在街市主要通道兩側（上）。大部分檔位現已拆除（下）。
(P1973.370, n.d., photograph, Hong Kong History Museum.)

圖 4.29 天井曾經用作檔販的儲物空間，現已改建成休憩區。
(P1973.369, n.d., photograph, Hong Kong History Museum.)

進入新中環街市的方法，同樣是依照舊街市的設計。予公眾使用的主入口開設在德輔道中，連接街市地下。另一個主入口則開設在皇后大道中，有一條架空樓梯連接着街市一樓。位於租庇利街和域多利皇后街的側入口，主要用於運送貨物。為了改善該區交通擠塞的情況，工務司署擴闊租庇利街和域多利皇后街，並透過增加街市樓層，來彌補擴闊馬路後縮小了的街市佔地面積。因此，新中環街市增高至三個主要樓層，屋頂上還設有一些天台屋，使這座新街市看似比其前身龐大（圖4.30）。《南華早報》在1939年估計中環街市「可能是香港和中國大陸有史以來興建的最大一座街市」。[55]

圖4.30　由德輔道中望向中環街市。分別攝於1939年及2021年。(*Central Market, Des Voeux Road Central*, n.d., photograph, 14560-8, Information Services Department.)

▎**圖4.31** 中環街市的角落修為圓角，加強其具有流線型的外觀。

　　雖然新、舊中環街市的空間規劃有許多共同之處，但各展現不同
形象。如《香港及華南建設者》雜誌所述，新中環街市「最重要的特色
是簡約」，而且「建築物的設計絕對趨向現代」。[56] 新街市的外觀因其體
量和所用材料，變得一體化和樸素。新街市採用簡單長方形建築體
量。跟灣仔街市一樣，中環街市每個角落皆修為圓角，反映它受到現
代流線型建築影響（圖4.31）。一排排的帶狀窗口，及幾乎環繞整棟建
築的遮陽板，加強了街市的橫向感（圖4.32）。寬大的帶狀窗細分成正
方形或長方形的玻璃窗。此外，建築物面向德輔道中的角落皆裝上弧
形玻璃，用來遮陰的簷篷兩端亦呈圓角。這些細部進一步增強建築物
的流線型外觀。雖然中環街市採用的方形玻璃和轉角窗，容易讓人們
聯想起德國德紹（Dessau）的包浩斯設計學校，但此街市實際上更像上
海的福州路菜場和小沙渡路菜場。中環街市和這些上海街市在建築物
的圓角和連貫的帶狀窗口方面，都有相似處理手法（圖4.33）。

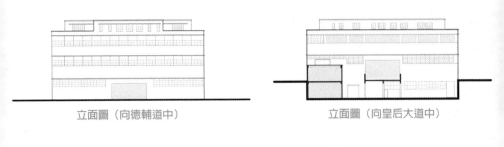

立面圖（向德輔道中）　　　　　立面圖（向皇后大道中）

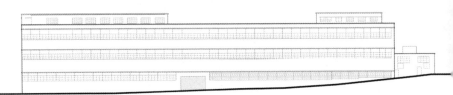

立面圖（向租庇利街）

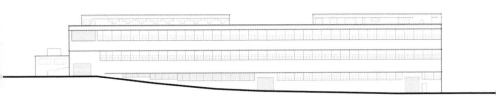

立面圖（向域多利皇后街）

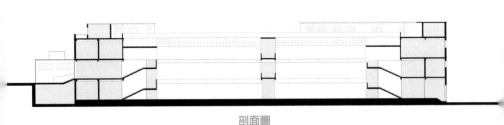

剖面圖

▎**圖 4.32**　中環街市的立面及剖面圖。

福州路菜場（1932）　　　　小沙渡路菜場（1933）　　　　中環街市（1939）

▌圖4.33　中環街市的設計，與上海的福州路菜場和小沙渡路菜場相似。

　　街市內部也可以找到流線型建築特色。每個主入口均設有一條混凝土大樓梯，扶手修磨成圓邊，並用水磨石鋪面。扶手的盡頭到達地下時，與樓梯的端柱結合（圖4.34、4.35）。樓梯被欄杆分開為兩邊，每邊都以中、英文標示「上」或「落」方向，將向上和向下的人流分開（圖4.36）。

　　街市的三層零售樓層一共提供286個不同食品部門的檔位（圖4.37）。地下分為鮮魚和家禽部，兩者被天井分隔。魚類部門有57個面積約8乘15呎的魚檔，每檔均裝有一個大混凝土枱位，用於擺賣魚隻。每個魚檔末端都有兩個魚缸，連接着高架的泵氣系統（圖4.38）。魚缸前面還開有一個凹槽，供檔主清洗魚隻。家禽部有46個家禽檔，每個檔位面積約12乘15呎，均配備一個帶有坑紋的混凝土枱位，坑紋讓空氣流通，上面的禽肉得以保鮮。枱位旁邊置有一個用於清洗家禽的洗手盆，檔位亦裝有高金屬架來懸掛禽肉。地下亦設置了一個長形的家禽屠宰房，內有用來燙燒禽類的大火爐、供拔毛和清潔家禽的洗手盆，以及準備雞隻飼料的空間（圖4.39）。[57]多位舊顧客表示，他們昔日會直接在家禽屠宰房購買雞鴨紅。[58]

▌圖 **4.34** 中環街市主入口的大樓梯。

▌圖 **4.35** 樓梯的端柱。

圖4.36　中環街市大樓梯的「上」和「落」標誌保留至今。

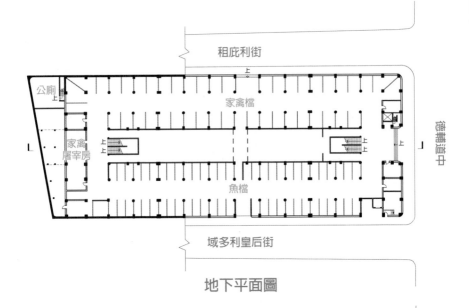

租庇利街

公廁

家禽屠宰房

家禽檔

魚檔

德輔道中

域多利皇后街

地下平面圖

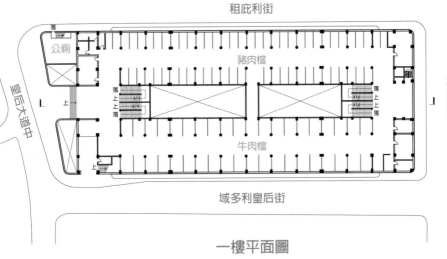

租庇利街

公廁

落

豬肉檔

牛肉檔

皇后大道中

德輔道中

域多利皇后街

一樓平面圖

▎ **圖 4.37**　中環街市平面圖。

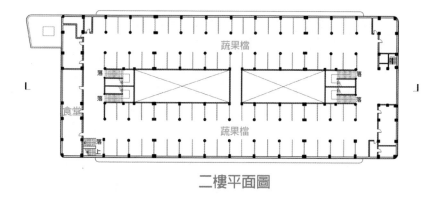

二樓平面圖

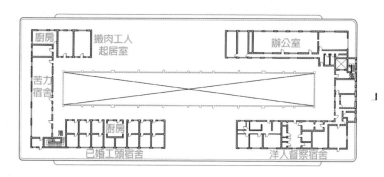

三樓平面圖

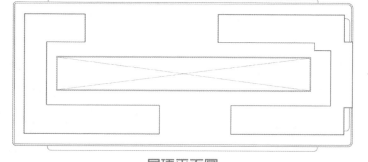

屋頂平面圖

圖**4.38** 中環街市保留了一個魚檔，內設兩個魚缸。

圖**4.39** 中環街市的家禽屠宰房。
(P1973.371, n.d., photograph, Hong Kong History Museum.)

中環街市一樓天井兩邊分別設有豬肉部和牛肉部。前者設置62個豬肉檔，每個面積約8乘15呎。這些豬肉檔安裝了很多用來掛肉的金屬架。每個檔位前面皆有一個混凝土枱位，上面放置了一塊木砧板。枱位後面設有一個小型站台（圖4.40）。牛肉部的40個檔位設計與豬肉檔相似，只是牛肉檔面積更大，約為12乘15呎（圖4.41）。

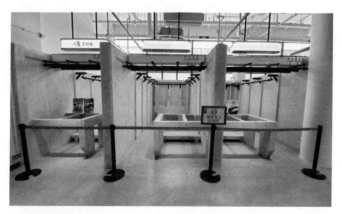

▎**圖4.40** 中環街市有幾個豬肉檔被保留下來。

▎**圖4.41** 活化工程前的牛肉檔。
（相片由香港中文大學建築文化遺產研究中心提供。）

圖 4.42 菜檔配備混凝土退縮層板和固定貨架。
(P1973.377, n.d., photograph, Hong Kong History Museum.)

　　蔬果部設在二樓，有50個菜檔和30個生果檔，每個檔位面積約12乘15呎，採用新穎設計。菜檔有混凝土退縮層板和固定的木貨架（圖4.42）。另一方面，生果檔有斜面混凝土貨架，這些貨架有凸起的邊緣，防止水果滾落（圖4.43）。菜檔和生果檔內的層架均安置在檔位兩邊，這種佈局可讓顧客走進檔位內，並防止蔬果堆滿檔位門口。[59]除了食品檔位外，二樓還有一個食堂，設置在靠皇后大道中的一邊。

圖 **4.43**　活化工程前後的生果檔對比。檔位安裝了斜面的混凝土貨架。
（上圖由香港中文大學建築文化遺產研究中心提供。）

屋頂預留作衛生官員和工人的辦公室和宿舍，由分別位於建築物兩端的天台屋組成。近德輔道中盡頭的天台屋為中環和上環街市的辦公室（供12名衛生督察、2名副督察、11名翻譯員和2名文員使用），以及兩間洋人督察的宿舍。辦公室和宿舍皆享有優美海景。華工宿舍位於皇后大道中盡頭的另一間天台屋，與辦公室和洋人宿舍分開。這種分隔安排顯示洋人和華人員工之間的等級分別。華工的天台屋有六個已婚工頭的宿舍，一個內有30張床位、飯廳和衣帽間的清潔苦力宿舍，以及一間供10個搬肉工人使用的起居室，他們的工作時間比其他苦力更晚。[60] 此天台屋亦供應公共淋浴和廚房設施予這些工人。在1960年代和1970年代期間，工務司署多次在中環街市屋頂進行擴建工程，並在兩座天台屋之間的空地加蓋新房間。自此，兩棟天台屋連接成為一個大環形建築，圍繞着露天天井（表4.3）。

中環街市於1939年5月1日開放予公眾。街市檔位通過公開招標，出租予標價最高者。《香港及華南建設者》雜誌讚揚工務司署「在設計和建造方面，都為我們這一代以及未來幾代人的方便和安全着想」。[61] 這個街市配置現代化便利設施予檔主和顧客。例如，中環街市是香港第一個安裝升降機的公眾街市。該升降機安裝在德輔道中的入口，能夠容納20人或承載3,000磅的貨物。街市高層設有與地下連接的垃圾槽，垃圾車可以駛到地下一個特別平台收集垃圾。為了衛生，內牆和地板都鋪有不透水的瓷磚，檔位亦鋪有水磨石以便清潔。檔位之間的主要通道，從中間點直到檔位前面排水渠的部分造成稍微傾斜，以便去水，使通道得以保持乾燥。[62]

有些舊顧客指出，中環街市的食物價格比附近的上環街市和必列啫士街街市（1953年落成）高，不過他們仍喜歡在中環街市購物，因為那裏的食物較為新鮮。中環街市亦有很多檔位為中環及上環區的食肆供應新鮮食物，顧客很多都是飯店的買手。[63]

表 4.3　中環街市的空間規劃		
	零售食物檔位	**其他設施**
屋頂		• 中環和上環街市的辦公室，供12名衛生督察、2名副督察、11名翻譯員和2名文員使用 • 兩間洋人督察的宿舍 • 六間已婚工頭宿舍 • 一間內有30張床位的宿舍，供清潔街市的苦力使用 • 一間供10個搬肉工人使用的起居室
二樓	• 50個菜檔 　（每個約12乘15呎） • 31個生果檔 　（每個約12乘15呎）	• 兩個存放蔬果的房間 • 食堂
一樓 （由皇后大道中進入）	• 62個豬肉檔 　（每個約8乘15呎） • 40個牛肉檔 　（每個約12乘15呎）	• 洗手間 • 督察辦公室 • 垃圾房
地下 （由德輔道中進入）	• 57個魚檔 　（每個約8乘15呎） • 46個家禽檔 　（每個約12乘15呎）	• 家禽屠宰房 • 洗手間 • 垃圾房

（根據 "The New Central Market in Hong Kong," *Hong Kong and South China Builder* 4, no. 2 (May 1939): 10; Daqing Gu, Vito Bertin, and Pui Leng Woo, "The Greatest Form Has No Shape—The Case Study of Hong Kong Modern Architecture: The Central Market," *Time+Architecture*, no. 03 (2015): 131–133 整合。）

　　在日軍佔領期間，中環街市於1941年更名為「中央市場」，並沿用至1993年。二戰後，工務司署在中環街市進行多次改建和擴建工程。最大規模的改建在1989至1994年間進行，當時政府開發半山自動扶手電梯系統，街市面向德輔道中和皇后大道中的外牆被拆除，讓街市得以連接行人天橋，成為自動扶手電梯系統一部分。

　　由於中環街市位於香港主要商業區的一個重要位置，其所在的地段價值變得十分昂貴。於是政府在2003年停止營運中環街市，並計劃出售該地皮作商業發展。當政府在2005年準備將中環街市列入勾地表時，香港建築師學會在中西區區議會的支持下，發起一場保護中環街市的運動，引起了提倡保育和支持商業發展兩批人之間的激烈爭論。[64]即使香港建築師學會努力挽救這棟建築，但古物諮詢委員會的16名成員中，有14名在2006年5月的一次會議上認同中環街市並無保留價值。[65]

隨後多年，香港建築師學會、古蹟保育人士和多位區議員繼續向政府施壓，要求保留中環街市。2009年古物古蹟辦事處進行了一場公眾諮詢，收到許多意見要求基於中環街市的社會及歷史價值、罕有度和真實性（authenticity），將其評級提升。[66]最終行政長官在2009年10月，於施政報告宣佈推行一系列活化中區建築項目，其中包括保留中環街市。隨後政府將中環街市交給市區重建局，進行保育和活化。街市被活化作文化和零售設施，於2021年8月開幕（圖4.44）。

▌**圖4.44** 活化後的中環街市於2021年8月開幕。

4.4 小結

　　20世紀的社會、政治和技術發展促使建築美學轉變。新建築材料尤其是鋼筋混凝土的應用，使現代建築師創出各種新建築風格，如簡約古典主義、裝飾藝術和現代流線型風格，不僅在歐洲而且在全球各地，如上海和香港流行起來。儘管這些建築風格各有不同形式和特徵，但都有崇尚功能而省卻裝飾的共同目的，是現代建築的先驅。

　　香港緊隨着這個全球建築趨勢。工務司署在1910年代放棄興建西式建築風格街市，並開始採用混凝土建造一系列小型公眾街市。由於得到各種公共工程貸款計劃資助，在經過近二十年的擱置後，工務司署於1930年代恢復興建多層街市。理解工務司署如何為多層公眾街市尋求新建築表達方式時，不能忽視來自上海的影響。1920年代末至1930年代上海的建築風潮，為香港提供了大量優秀建築先例。

　　工務司署現代建築的試驗，開始於西營盤街市。多年後，工務司署以現代流線型風格設計灣仔街市，成為工務司署首座完全不遵從西方建築式樣的公共建築。自此，工務司署的公眾街市設計完全採用現代風格。

註釋

1　Adolf Loos, *Ornament and Crime: Selected Essays* (Riverside, CA: Ariadne Press, 1998), 167.

2　"Hongkong Buildings Obsolete: Standing Still While Shanghai Forges Ahead," *South China Morning Post*, September 23, 1930, 9.

3　"Land Regulations and Bye-Laws for the Foreign Settlement of Shanghai, North of the Yang-King-Pang," No. 130 § (1869), Article 9.

4   Leo Ou-fan Lee, *Shanghai Modern: The Flowering of a New Urban Culture in China, 1930–1945* (Cambridge, MA: Harvard University Press, 1999).

5   "Hongkong Buildings Obsolete: Standing Still While Shanghai Forges Ahead," 9.

6   〈參考上海狀況，中環街市明年正月起改建〉，《工商日報》，1936年11月1日。

7   Shanghai Municipal Council, *Report for the Year 1906 and Budget for the Year 1907* (Shanghai: Kelly & Walsh, 1907), 161.

8   Mary Louise Ninde Gamewell, *The Gateway to China: Pictures of Shanghai* (New York; Chicago: Fleming H. Revell Company, 1916), 49.

9   Lynn Pan, *Shanghai Style: Art and Design between the Wars* (San Francisco: Long River Press, 2008), 211.

10 宗曉，〈漫說三角地〉，上海檔案信息網，http://www.archives.sh.cn/shjy/shzg/201203/t20120313_6598.html。

11 Shanghai Municipal Council, *Report for the Year 1923 and Budget for the Year 1924* (Shanghai: Kelly & Walsh, 1924), 237; Shanghai Municipal Council, *Report for the Year 1924 and Budget for the Year 1925* (Shanghai: Kelly & Walsh, 1925), 166.

12 Shanghai Municipal Council, *Report for the Year 1924 and Budget for the Year 1925*, 166; Shanghai Municipal Council, *Report for the Year 1927 and Budget for the Year 1928* (Shanghai: Kelly & Walsh, 1928), 203; Shanghai Municipal Council, *Report for the Year 1929 and Budget for the Year 1930* (Shanghai: Kelly & Walsh, 1930), 171.

13 Shanghai Municipal Council, *Report for the Year 1929 and Budget for the Year 1930*, 244; Shanghai Municipal Council, *Report for the Year 1930 and Budget for the Year 1931* (Shanghai: Kelly & Walsh, 1931), 189, 207.

14 Pan, *Shanghai Style: Art and Design between the Wars*, 226.

15 一些網絡文章和學術論文將 Balfours（可能是英國建築師）認定為工部局宰牲場及鮮肉市場和冷藏庫的建築師。但 Yi-Wen Wang 和 John Pendlebury 則認為，這兩棟建築物的設計者應該是上海工部局的助理建築師 Arthur Carr Wheeler，因為他簽署了許多與這兩項建築工程相關的文件和信函。見 Note 29, Yi-Wen Wang and John Pendlebury, "The Modern Abattoir as a Machine for Killing: The Municipal Abattoir of the Shanghai International Settlement, 1933," *Arq: Architectural Research Quarterly* 20, no. 2 (June 2016): 143。

16 "New Meat Market: Latest Modern Addition to Shanghai," *South China Morning Post*, October 15, 1935, 14.

17 "New Meat Market: Latest Modern Addition to Shanghai," 14.

18 "Report of the Director of Public Works for the Year 1923," in *Administrative Reports for the Year 1923* (Hong Kong: Government Printer, 1924), Q75; "Report of the Director of Public Works for the Year 1924," in *Administrative Reports for the Year 1924* (Hong Kong: Government Printer, 1925), Q84; "Report of the Director of Public Works for the Year 1925," in *Administrative Reports for the Year 1925* (Hong Kong: Government Printer, 1926), Q72.

19   "Colonial Secretary: Deficit Does Not Mean New Taxation," *South China Morning Post*, September 21, 1928, 13.

20   "Market Partly Collapses: Alarming Affair at Saiyingpun," *South China Morning Post*, June 13, 1930, 8; "Accidental Death: Market Roof Collapses and Kills Woman," *South China Morning Post*, July 3, 1930, 10.

21   "Report of the Director of Public Works for the Year 1930," in *Administrative Reports for the Year 1930* (Hong Kong: Government Printer, 1931), Q59; "Report of the Director of Public Works for the Year 1932," in *Administrative Reports for the Year 1932* (Hong Kong: Government Printer, 1933), Q29.

22   "Report of the Director of Public Works for the Year 1930," Q59–60.

23   2020年7月8日訪問舊顧客。

24   2020年7月8日訪問舊顧客及檔主。

25   "022CM — Redevelopment of Sai Ying Pun Market," March 10, 1993, 1, UC.MST.70.92, Hong Kong Public Libraries Multimedia Information System.

26   "Memo from Sayer to Southorn," July 24, 1932, HKRS58-1-173-3, Public Records Office, Hong Kong.

27   "Memo from Sayer to Southorn," September 27, 1932, HKRS58-1-173-3, Public Records Office, Hong Kong.

28   高欄島紀念碑被搬到禮頓道和摩理臣山道交界處。見"Memo from Sayer to Southorn," December 5, 1932, HKRS58-1-173-3, Public Records Office, Hong Kong。

29   "Private Markets," *South China Morning Post*, September 19, 1934, 12.

30   "Official Record of Proceedings, 27 September 1934," in *Hong Kong Hansard 1934* (Hong Kong: Legislative Council, 1934).

31   "Unofficials Sympathetically Heard: A New Wanchai Market," *South China Morning Post*, September 28, 1934, 10.

32   "Report of the Director of Public Works for the Year 1935," in *Administrative Reports for the Year 1935* (Hong Kong: Government Printer, 1936), Q35.

33   "Blessing the Market: Large Crowd Watch Ritual at New Wanchai Building," *South China Morning Post*, April 1, 1937, 13.

34   "Wanchai Market: Modern Structure in Place of Old One," *South China Morning Post*, April 2, 1930, 2.

35   "Report of the Director of Public Works for the Year 1934," in *Administrative Reports for the Year 1934* (Hong Kong: Government Printer, 1935), Q34.

36   "Wanchai Market: Modern Structure in Place of Old One," 2.

37   2020年12月12日和2021年1月18日訪問舊顧客。

38 "Market Rooftop to Be Converted into Playground," *South China Morning Post*, September 18, 1965, 6; "Hongkong's First Roof Playground Opened," *South China Morning Post*, June 11, 1966, 6.

39 〈附件A—古物諮詢委員會以往就灣仔街市的討論摘要〉（古物諮詢委員會，2008年4月16日），https://www.aab.gov.hk/filemanager/aab/common/133meeting/AAB_Paper133_matters_annexa_c.pdf。

40 Antoine So, "Last-Ditch Effort to Save Landmark," *Sunday Morning Post*, February 18, 2001, 2.

41 〈古物諮詢委員會委員備忘錄—保存灣仔街市〉（古物諮詢委員會，2008年4月16日），https://www.aab.gov.hk/filemanager/aab/common/133meeting/AAB_Paper133_wan_chai_market_c.pdf。

42 "Wholesale Market Dealers: Provision for Transfer to Kennedy Town," *South China Morning Post*, January 4, 1937, 18.

43 "Loan Works Savings: To Meet Cost of Two New Markets in Kennedy Town District Approved at Council Meeting," *South China Morning Post*, May 27, 1937, 14.

44 "New Market Plan: $2,000,000 Offered for Central Market Site," *South China Morning Post*, March 25, 1937, 2; "New Market Opened: Concrete Building in Kennedy Town," *South China Morning Post*, September 2, 1937, 15.

45 "Report of the Director of Public Works for the Year 1937," in *Administrative Reports for the Year 1937* (Hong Kong: Government Printer, 1937), Q59.

46 "Wholesale Fish Marketing: New Set-up at Aberdeen Shored Benefit Fishing Fraternity," *South China Morning Post*, July 7, 1951, 14; "Fish Market: Transfer to Aberdeen from Kennedy Town," *South China Morning Post*, June 10, 1952, 11.

47 "Kennedy Town Is Getting a Clean Up," *South China Morning Post*, May 21, 1986, 20.

48 "A New Market: Central City Building to Be Re-Erected," *South China Morning Post*, June 19, 1936, 3.

49 "Caldecott to Ormsby-Gore," December 7, 1936, CO 129/559/20, The National Archives, Kew.

50 "The New Central Market in Hong Kong," *Hong Kong and South China Builder* 4, no. 2 (May 1939): 9.

51 "The Central Market," *South China Morning Post*, June 22, 1936, 10.

52 "Report of the Director of Public Works for the Year 1937," Q59.

53 〈參考上海狀況，中環街市明年正月起改建〉。

54 "Central Market Inspection: Press Party's Tour of New Premises," *South China Morning Post*, April 26, 1939, 4.

55 "Central Market Inspection: Press Party's Tour of New Premises," 4.

56 "The New Central Market in Hong Kong," 9–10.

57 "Central Market Inspection: Press Party's Tour of New Premises," 4.

58 2020年7月20日訪問舊顧客。

59 "Central Market Inspection: Press Party's Tour of New Premises," 4.

60 "Central Market Inspection: Press Party's Tour of New Premises," 4.

61 "The New Central Market in Hong Kong," 9–10.

62 "Central Market: Expected to Be Open in Month's Time," *South China Morning Post*, March 27, 1939, 4; "Central Market Inspection: Press Party's Tour of New Premises," 4.

63 2020年7月20日訪問舊顧客。

64 Chloe Lai, "$5b Battle on to Save Central Market; Make Developer Preserve or Incorporate Bauhaus Gem, Say Architects' Council," *South China Morning Post*, July 25, 2005, sec. FT News, Education, 1.

65 只有兩名古物諮詢委員會成員，即當時香港建築師學會的時任和前任主席，不同意這一決定。見 "Central Market Not Worth Saving, Antiquities Board Rules," *South China Morning Post*, May 19, 2006, sec. FT News, Education, 1; Winnie Chong, "Historic Market Doomed," *The Standard*, May 19, 2006。

66 Joyce Ng, "Public Pressure for Status of Central Market to Be Upgraded," *South China Morning Post*, August 13, 2009, sec. FT News, Education, 1.

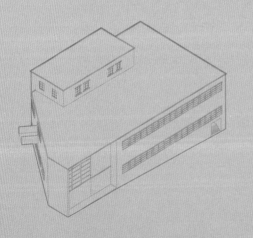

05

第五章

公眾街市與戰後重建

5.1 戰後重建時期

第二次世界大戰後的香港經濟

在珍珠港被轟炸幾個小時後，即1941年12月8日清晨，日軍對英國殖民地香港發動襲擊。「香港保衛戰」是一場持續了18日的血腥激戰，有3,445名英軍（等同31%駐港總兵力）因而陣亡、受傷或失踪。[1] 1941年聖誕節當日，總督楊慕琦（Mark Young）向日本投降，正式展開日本佔領香港的三年零八個月。在此期間，香港經濟受到嚴重摧殘。政府報告稱，「在1945年8月底，香港經濟一片死寂。人口大量減少；公用事業幾乎無法運作；無食物，無航運，無工業，無商業。」[2]

第二次世界大戰隨着美國於1945年8月向廣島和長崎擲下原子彈而結束。日本投降後，英國艦隊於8月30日重返香港水域。香港短暫受軍事管治，直至1946年5月1日殖民地政府恢復運作為止。當楊慕琦重任總督時，他要面對重建香港受創的經濟這項艱難任務。財政司花露時（Geoffrey Follows）強調，必須以最快速度進行有效的戰後重建計劃，因此「我們將來兩年，甚至三年的支出與收入無關」。花露時估計，戰後第一年的支出是收入的三倍多。故此，他在1946年7月向立法局提交的第一份戰後財政預算，估計赤字有1.154億港元之多。[3]

幸好香港的商業、貿易和航運在戰後迅速恢復。1946年底，香港的對外貿易額達到每月1.94億港元，相比戰前的一億港元為多。反之，香港的工業因為原材料短缺而復甦緩慢。比如由於世界各地都無棉紗供應，令香港最大工業棉織和針織業在1946年停頓了一整年。生活必需品亦因供應不穩定而價格大幅波動，人們至少要花費三倍去維持遠低於戰前正常的生活水平。[4]

國共內戰與貿易禁運

正當香港經濟在二戰後逐漸復甦，卻因1945至1949年的國共內戰再受打擊。由於香港境內生產相對較少，其繁榮依賴與中國和遠東的轉口貿易。二戰前，香港40%總貿易額來自中國，可是內戰擾亂了香港與中國的正常貿易和交流。1948年香港與中國的貿易額減少了一半。[5] 該年香港面對1,850萬港元的貿易逆差。[6]

除了經濟上的打擊，國共內戰為香港帶來另一大負面影響。幾十年來，香港人口與中國政治穩定度和經濟形勢成反比。在1945年即二戰剛結束時，香港人口還不到60萬人。隨着戰後出生率上升、死亡率下降，香港人口在1948年攀升至約180萬。在國共內戰期間，湧入香港的人數為歷來最多。當共產黨在1949年攻佔上海和廣州時，一週內湧入香港的內地人數量，有時甚至超過一萬人。1955年香港人口達到240萬人。[7]

人口驟增導致房屋嚴重短缺，租金隨之大幅上漲。雖然政府實施了租金管制阻止其過度增長，但租金仍比戰前高出幾倍。無法負擔香港高昂住屋成本的難民和貧困的本地市民，被逼住在擁擠的公寓，或在空置土地和天台搭建房屋。由簡陋棚屋組成的大型寮屋區散落在香港各處，威脅殖民地的健康、衛生和安全。火災是當時寮屋區最大的威脅。1950年間發生的一連串火災，燒毀了數以千計的寮屋：1950年1月的九龍城大火，有超過兩萬人失去家園；1951年11月東頭村大火，令約一萬人流離失所；1953年12月發生的石硤尾大火，為香港歷來最嚴重的寮屋區火災，導致超過五萬人無家可歸。

儘管國共內戰在1949年結束，但中國其後在韓戰（1950–1953）擔任的角色，使香港與中國的轉口貿易在1950年代未能恢復正常。美國因應中國積極干預韓戰，於1950年12月對中國實施貿易禁運，禁止所有美國貨物運往中國。美國認為香港和澳門是「他們打算放棄的中國沿海經濟鏈最脆弱的一環」，因此將這兩個歐洲殖民地納入禁運範圍。[8]結果，幾乎所有商品都被拒出口到香港。美國的禁運令導致香港的貿易和工業萎縮，尤其是那些依賴美國化學製品、金屬和棉花的香港工廠，遭受嚴重損失。許多工廠被迫關閉，導致香港失業情況嚴峻。

繼美國的貿易禁運之後，聯合國亦在1951年5月呼籲所有成員國對運往中國的戰略物資實施禁運。香港跟隨這項指示，對更廣泛種類的商品加強出口管制，並對所有受管制商品要求進口簽證。結果，香港的進出口貨值由1951年3月的10.91億港元持續下跌至同年9月的5.92億元。翌年，有形貿易的處理噸位在一年內下降了約13%，價值亦下降了28%。[9]

由於貿易是香港的經濟命脈，美國和聯合國由1950到1972年對中國實施的貿易禁運嚴重影響香港的經濟活動。另一方面，由於商品供不應求，生活成本持續上升。例如，由1948到1951年，食物、衣服、燃料和家品的價格分別上漲了50%、53%、46%和53%。[10]在1955年，要維持一個人健康和有足夠工作能力的食物量，費用為每月50至60港元，但是一般由3.7至4人組成的家庭，平均收入約為每人30元，或每戶120元，遠低於所需費用。[11]

糧食店的發牌

香港政府認為要降低食物零售價格，最有效的方法是引入更多競爭。以往市政局拒絕發牌予在公眾街市所在地區售賣生肉和鮮魚的私營糧食店。1950年市政局決定改變對糧食店的發牌政策，只要糧食店符合政府要求和具備出售新鮮糧食的條件，就會獲得發牌。這成功結束公眾街市對銷售生肉和鮮魚的壟斷。[12]

5.2 穩定戰後食物供應

增設臨時蔬菜批發市場

二戰期間，香港許多建築物被洗劫和炸毀。然而公帑不敷，工務司署人手不足，以及全球建築材料短缺，嚴重阻礙香港戰後重建。即使有八個街市（軍器廠街街市、長沙灣街市、紅磡街市、九龍城街市、九龍塘街市、鰂魚涌街市、士丹頓街街市和大角咀街市）在戰爭期間被拆卸，戰後首五年間只有兩所新街市落成。[13]

戰後首座街市是一所臨時蔬菜批發市場，於1946年9月15日在油麻地彌敦道582號開業，位於東方煙草公司（Oriental Tobacco Company）一間廢棄工廠內。政府決定在戰後率先開設一所批發市場而非零售街市，不無道理。香港的蔬菜產量遠低於本地所需。在戰前的幾年間，本地生產未能供應香港需求的四分之一。因此，政府決心改革低效的市場體系。改革措施包括為農民提供運輸，及農產品經拍賣由農民直接銷售到零售商。政府每天早上會派貨車到新界主要的耕種地區收集蔬菜，然後在批發市場拍賣。透過這個方法，政府希望可以減少中介暴利，控制蔬菜價格，以及防止蔬菜在不衛生的街頭擺賣。降低食品價格必定有利於香港重建復甦。[14] 增設政府蔬菜批發市場令香港市區內的公眾街市總數在1948年增至31所，總共提供了1,749個出售鮮肉、鮮魚、家禽和蔬果的檔位（表5.1）。[15]

然而，蔬菜批發市場的經營未如理想，農民們紛紛抱怨政府收取高昂的交通費，及未能提供穩定的運輸服務。[16] 這個臨時蔬菜批發市場在舊煙草廠只營運了兩年，便被政府搬到石龍街和新填地街交界，即今天油麻地果欄的位置。[17]

表 5.1 《1948 年街市章程》所列的市區公眾街市	
香港仔街市	掃桿埔街市
寶靈頓街市	赤柱街市
中環街市	大坑街市
花園街市	衙前圍道的九龍城街市
油麻地政府蔬菜批發市場	茶果嶺臨時街市
堅尼地城批發市場	土瓜灣街市
官涌街市	塘尾街市
駱克道街市	尖沙咀街市
芒角咀街市	灣仔街市
鰂魚涌街市	北便上環街市
新填地街市	南便上環街市
西灣河街市	威菲路街市
西營盤街市	油麻地東莞街海旁地段 87 號魚類批發市場
深水埗街市	黃泥涌街市
筲箕灣街市	油麻地街市
石塘咀街市	

("Markets By-Laws, 1948," Cap. 140, Section 5 § [1948].)

在新界興建新街市

　　政府臨時蔬菜批發市場所處的建築物並不是專門為街市功能而建造，而是由一所廢棄的煙草廠改造而成。工務司署直到 1949 年才終於興建第一座戰後新街市。這座街市位於大埔富善街，離文武廟不遠。大埔街市於 1949 年 3 月 14 日開幕，成為繼大澳（1919）和荃灣（1936）後新界第三個有蓋政府街市。值得一提的是，新界的街市並非由市政局管理。市政局的管轄範圍只限市區，在 1900 年前只包括香港島和九龍。香港殖民政府於 1898 年向清廷租借新界後，希望擴大九龍範圍，於1900年把九龍與新界接壤的土地（界限街以北，九龍群山以南，東至鯉魚門，西至荔枝角），劃入為新九龍，屬於市區範圍，因此亦歸市政局管理。另一方面，新界的市政服務則由相應的理民府（District Office）負責，例如大埔街市便由大埔理民府管理。直到1953年，市政局的行政機構即市政事務署（Urban Services Department）成立，並開始為新界提供服務。[18] 此外，市政事務署署長亦會同時擔任市政局主席。新界與市區的另一大分別是，政府允許私人街市在新界經營，但不允許私營街市開設在市區。1948年新界擁有三所私營街市，分別位於長洲、西貢和元朗。[19]

　　大埔街市在1949年落成，是該區第一所有蓋公眾街市。在這街市建成之前，大多數居民只能光顧街頭小販購買食物。大埔街市是一座簡單的長形建築，闊35呎、長120呎（面積4,200平方呎），容納16個魚檔、16個肉檔和18個菜檔。大埔街市採用「輕型結構」（light construction），以磚牆和磚柱支撐着一個由鋼製三角桁架組成的金字屋頂，上蓋瓦楞石棉水泥板。這座街市的北面完全開放，由柱廊支撐着屋頂。向着東、西的山牆亦開設了寬闊的入口（圖5.01）。大埔街市的建築工程花費約18萬港元。因為它的建築簡單、輕型，讓工務司署可在三個月內完成建造工程。[20]

5.3　建築標準化：輕型街市

輕型街市建造計劃（1951）

　　由於戰後生活成本持續飆升，市政局重申需要興建更多街市以降低食物價格。[21] 工務司署在新界興建的輕型街市，為市政局的市區街市提供了一個低成本和容易建造的模型。市政局議員律敦治（Dhun

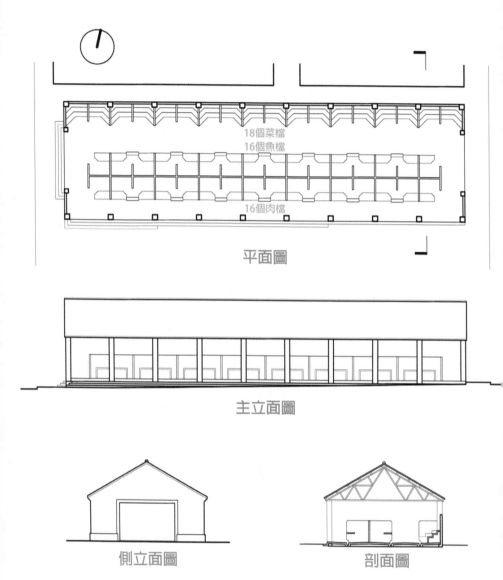

平面圖

18個菜檔
16個魚檔

16個肉檔

主立面圖

側立面圖

剖面圖

▌圖 5.01　大埔街市由磚柱和鋼製三角桁架支撐一個金字屋頂。

Ruttonjee）強調，市政局「從不主張鋪張浪費」，亦「不傾向興建『帝國大廈』」。他表示市政局提出的是「最低要求，以貫徹局方對提供社區應得的市政服務的願望」。[22] 故此，當政府為1951/52至1955/56年度的五年非經營開支（capital expenditure）作財政預算時，市政局為「輕型街市」計劃請求資金，用以興建新街市或重建現有街市。市政局希望該計劃能夠「如衛生當局強調，在人口不斷增長的市中心提供充足、現代化和衛生的街市設施」。[23] 最終政府將輕型街市建造計劃列為其五年非經營開支預算下的主要工作之一，並撥款100萬港元予市政局（表5.2）。

表 5.2　1951/52 至 1955/56 年度的主要工程項目	
擬訂工程	預算成本（百萬元港幣）
屠房	14.48
九龍普通科醫院和宿舍	11.20
中區政府合署	10.00
大會堂	10.00
天星碼頭	9.00
教育委員會十年計劃	7.50
精神病院	5.70
廣東道警察宿舍	5.50
中環填海計劃	5.00
警察總部	5.00
新界橋樑	3.70
配水庫	3.00
車房及車庫	2.50
銅鑼灣填海計劃	2.00
九龍消防局	2.00
北角海堤	2.00

（續下頁）

擬訂工程	預算成本（百萬元港幣）
堅尼地道	1.80
重建小街	1.25
雅賓利樓	1.00
輕型街市	**1.00**
界限街外街道	0.50
公共廁所和浴室	0.45
藍塘道	0.40
加列山道	0.30
沙頭角炮樓	0.25
香港結核病診所	0.23
更換水渠	0.22
新界試驗性水井	0.20

("Programme of Major Works for the Period 1951/52 to 1955/56," in *Estimates of Revenue and Expenditure for the Year Ending 31st March, 1952* [Hong Kong: Noronha & Co., 1952], 112.)

　　在市政局原本計劃中，為期五年的輕型街市建造計劃將會興建或重建 13 個街市，遺憾的是該計劃進度緩慢。[24] 市政局在 1953 年 6 月的一次會議中解釋，街市工程之所以進展緩慢，「不是因為財政司吝嗇，而是由於工務司署的建築工程繁重，所以無法進行更多工程」。[25] 自戰爭結束以來，工務司署人手不足，無法同時處理大量戰後重建項目。最終只有六個街市落成，即九龍城街市、紅磡街市、長沙灣街市、必列啫士街街市、官涌街市擴建部分和北街街市（亦稱堅尼地城街市）（表 5.3）。其中四所街市採用大埔街市的輕型建築設計。另外兩所街市，即必列啫士街街市和官涌街市擴建部分，因為地皮限制而偏離輕型建築模型，將會在本章 5.4 節詳述。

表 5.3　1951 至 1956 年輕型街市計劃下落成的公眾街市

落成年份	街市	備註
1951	九龍城街市	有 95 個檔位的輕型街市
1952	紅磡街市	有 75 個檔位的輕型街市
1953	長沙灣街市	有 42 個檔位和看更宿舍的輕型街市
1953	必列啫士街街市	一座蓋有混凝土平屋頂的兩層街市
1954	官涌街市擴建部分	一座蓋有混凝土平屋頂的單層街市
1954	北街街市（堅尼地城街市）	有 36 個檔位和看更宿舍的輕型街市

九龍城街市（1951）

在輕型街市建造計劃下，工務局興建的首座街市是九龍城街市，於 1951 年落成。位於沙浦道的舊九龍城街市，在日佔期間被日本人拆除以擴建啟德機場。新的九龍城街市於衙前圍道（即九龍城市政大廈現址）重建，該地段佔地約 13,000 平方呎，四邊均被道路包圍，因此通風良好。[26] 檔位數量由戰前舊街市的 74 個增至新街市的 95 個，內有 26 個魚檔、6 個水果檔、14 個菜檔、27 個豬肉檔、14 個牛肉檔和 8 個家禽檔（圖 5.02）。檔位也比以前寬敞，每個家禽檔闊 10.5 呎、深 8 呎，其餘的檔位則闊 7.5 呎、深 8 呎。所有檔位均有電力和食水供應。此外，街市還設有廁所、看更宿舍和家禽去毛房。

工務司署設計了一個輕型街市模組，可應用於不同大小的基地上。九龍城街市比大埔街市大得多。工務司署將四行街市模組合成一座建築，每個模組都由鋼筋混凝土柱、磚牆和桁架構成，以支撐瓦楞石棉水泥板造成的金字屋頂（圖 5.03）。工務司署曾在大埔街市使用磚柱和鋼桁架，但卻在九龍城街市改用混凝土柱和硬木桁架，原因不明。九龍城街於 1950 年 11 月動工，翌年 4 月竣工，並在該年 5 月 1 日開始營業。[27]

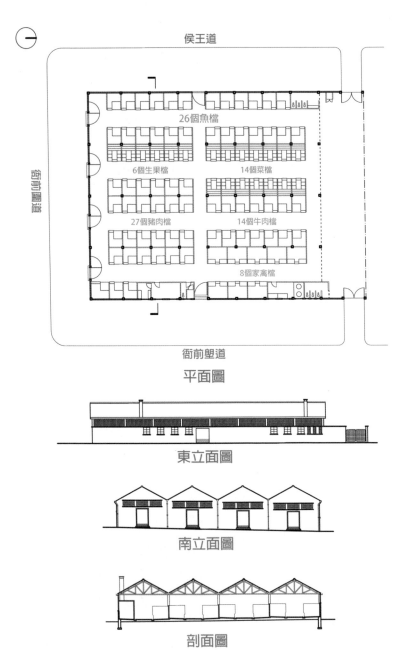

侯王道

衙前圍道

26個魚檔

6個生果檔　　　14個菜檔

27個豬肉檔　　　14個牛肉檔

8個家禽檔

衙前塱道

平面圖

東立面圖

南立面圖

剖面圖

▌ **圖5.02**　九龍城街市平面、立面和剖面圖。

圖 5.03 九龍城街市由四個建築模組組合而成。
(P1973.485, n.d., photograph, Hong Kong History Museum.)

輕型街市模型的應用

九龍城街市的設計圖，成為了五年輕型街市建造計劃的參考基礎，應用於紅磡街市（1952）、長沙灣街市（1953）和北街街市（1954）。這些街市的規模因應地區需求而不同，例如有 75 個檔位的紅磡街市是由兩行街市模組組合而成。有 42 個檔位的長沙灣街市同樣是由兩行街市模組合成，但模組比紅磡街市的短。另一方面，提供 36 個檔位的北街街市僅有一行街市模組。[28]

輕型街市模型亦於新界兩座街市採用，但它們不屬於市政局輕型街市建造計劃。石湖墟街市（1955）和新墟街市（1957）均由 40 個檔位組成。兩者均為單層建築，設有鋼筋混凝土柱、磚牆、鋼製屋頂桁架和石棉屋頂。前者面積稍大，佔地 4,300 平方呎，後者面積則為 3,600 平方呎。[29]

5.4 戰後現代主義街市

現代主義建築風格

工務司署就市政局五年計劃採用標準化輕型街市設計，以加快在市區興建街市。然而，在該計劃所包括的六座街市中，有兩座偏離這種標準化設計。必列啫士街街市(1953)和官涌街市擴建部分(1954)皆受到基地的條件限制，無法採用輕型街市模型，因此工務司署便就這兩所街市提出不同設計，以切合每個基地的獨特情況。

工務司署在必列啫士街街市和官涌街市擴建部分均採用現代主義建築風格。跟灣仔街市和中環街市所採用的現代流線型風格不同，現代主義建築更強調建築物的實用性。現代主義建築不追求流線外型，所以灣仔街市和中環街市的特色圓牆角和弧形簷篷，沒有再應用在二戰後落成的公眾街市上。相反，現代主義建築傾向採用長方形建築體量，立面設計呈不規則，亦經常使用橫直線條去營造建築立面的秩序感。

必列啫士街街市(1953)

必列者士街周圍的地區在日佔時期遭到嚴重破壞，幾乎所有房屋都被炸彈摧毀或已變得不適合人居住。必列者士街南面和北面的大型擋土牆均被損毀，對公眾構成危險，因此政府在1949年決定徵收幾塊地皮，以便重建受損的擋土牆。政府撥出部分位於必列者士街和城皇街轉角處的徵收土地，打算興建一所新街市，以服務人口稠密的中半山區。這座街市有部分坐落於美國公理會佈道所(現為中華基督教會)舊址上，即孫中山於1883年受洗的地方。這所街市也靠近1951年竣工、建於中央書院舊址的已婚警察宿舍。[30]

必列啫士街街市由工務司署助理建築師H. Y. Chan設計。承建商炳記建築公司（Ping Kee Construction Co.）於1952年10月動工，耗費政府145,000港元興建。必列啫士街街市於1953年4月30日，由市政局前首席非官守議員顏成坤主持開幕，開幕禮有超過1,000人參加。[31]

　　必列者士街和城皇街形成一個斜角。城皇街是一條陡峭的街道，有一條大樓梯連接荷李活道、必列者士街和堅道。由於基地面積有限，工務司署無法在該處興建標準化的單層輕型街市，因此設計出一個楔形的兩層街市以切合地形，同時亦使必列啫士街街市成為戰後第一所多層街市（圖5.04）。[32] 除了從必列者士街通往底層的主入口外，在街市和支撐着永利街的擋土牆之間的後巷亦設有次入口。另外，街市還建有一條橋，連接城皇街和街市一樓（圖5.05）。

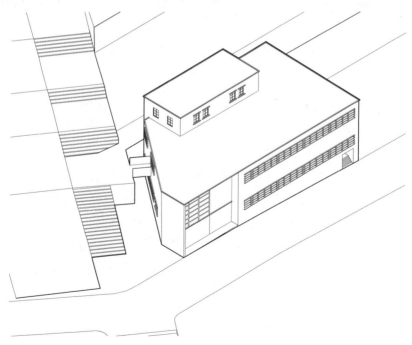

▌**圖5.04**　必列啫士街街市建造在一條大樓梯旁邊。

▎ **圖5.05** 連接城皇街和必列啫士街街市一樓的一道橋。

　　必列啫士街街市採用現代主義風格。這座街市由鋼筋混凝土框架結構和磚牆建成,設計簡單樸素。建築物立面上開有橫向帶狀窗口。主入口所在的外牆有一部分向後退縮,下層部分以灰泥坑紋裝飾,上層部分則有方格遮陽板阻擋陽光。故此,必列啫士街街市有不對稱的立面設計,在當時香港街市之中並不常見(圖5.06)。為了節省成本,窗戶並沒有裝上玻璃,而是用預製的長條形混凝土百葉遮蓋(圖5.07、5.08)。由於屋頂沒有圍欄,街市以純方形體量呈現。此街市低矮的建築體量、平頂、帶狀窗及長長的混凝土百葉,為其營造出強烈的橫向感。

圖 **5.06** 1953 年（上）和 2021 年（下）的必列啫士街街市。
("Bridges Street Market," *Hong Kong and Far East Builder* 10, no. 3 [September–October 1953], 20.)

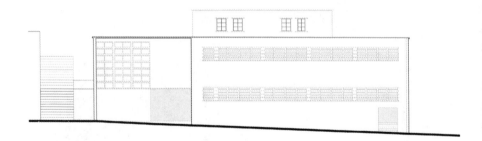

正立面圖

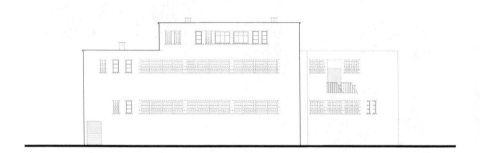

背立面圖

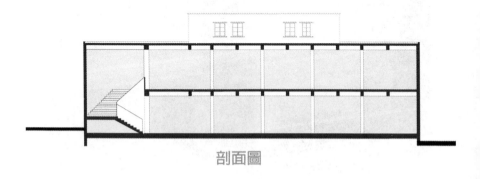

剖面圖

圖 5.07　必列啫士街街市的立面和剖面圖。

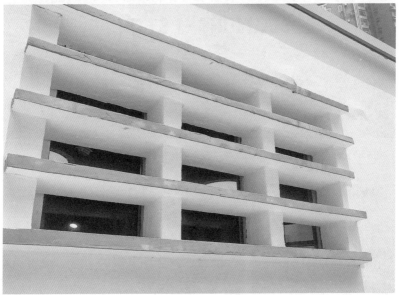

圖 5.08 向後退縮的窗戶以預製的混凝土百葉遮蓋，本來並無裝上玻璃。

必列啫士街街市共有59個檔位，包括地下19個魚檔、7個家禽檔，家禽去毛房和冰庫各一，以及一樓2個水果檔、9個菜檔、9個牛肉檔和13個豬肉檔（圖5.09、5.10）。檔位集中排列在每層的正中心，周圍被寬闊的通道環繞。一些檔位則靠牆安放，它們大小不一，由矮牆分隔（圖5.11）。檔位皆鋪有瓷磚，並配置混凝土枱位，而魚檔則設有混凝土魚缸（圖5.12）。每層皆附帶洗手間。入口附近設有一條用上海批盪飾面的闊樓梯，引領顧客到上層（圖5.13）。屋頂的天台屋提供了一個房間、廚房和浴室予四名苦力使用，還有一個看更宿舍，內有一間大房、廚房和浴室。[33]

▌ **圖5.09** 蔬菜及豬牛肉部設於一樓。牆上指示牌保留至今。

▌ **圖5.10** 家禽去毛房的爐灶得到保留。

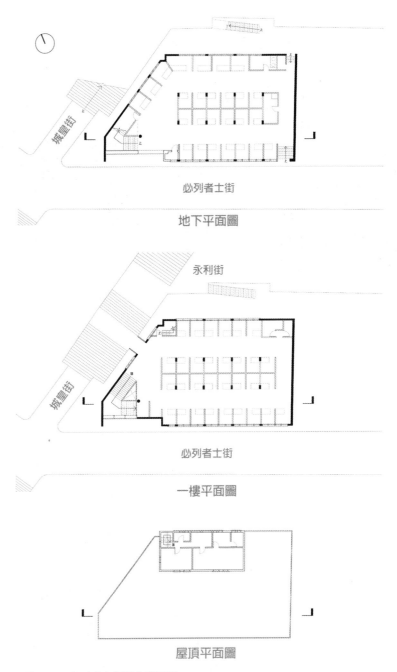

圖 5.11 必列啫士街街市平面圖。

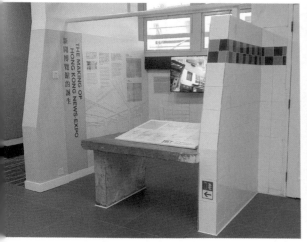

圖 5.12　檔位由鋪上瓷磚的矮牆分隔，每個檔位均裝有一混凝土枱位。必列啫士街街市被改建為今天的香港新聞博覽館，但有些檔位被保留下來。

圖 5.13　一條闊樓梯連接地下和一樓。

　　隨着時間過去，光顧必列啫士街街市的人越來越少，許多檔位被空置。政府在 1969 年將街市一樓一半面積改建成兒童遊樂場。2000 年代期間，必列啫士街街市是空置率最高的公眾街市之一，政府官員曾多次討論是否應將之關閉和拆卸。必列啫士街街市在 2011 年被評定為三級歷史建築，並納入第三期「活化歷史建築伙伴計劃」內。該街市於 2018 年得到保育，活化成香港新聞博覽館。

官涌街市擴建部分（1954）

　　官涌街市擴建部分是繼必列啫士街街市後，第二座偏離標準化輕型街市模型的案例。原官涌街市（又稱上海街街市）於 1925 年在佐敦道以南落成，是兩次世界大戰之間興建的 23 所簡約開放式街市之一（參閱第三章）。原官涌街市是一棟由磚柱造成的長形建築，有一個混凝土平屋頂，可容納 30 個 10 呎長的檔位，以及一個家禽屠宰房。[34]

由於戰後佐敦區人口急速增長，市政局於1954年決定擴建官涌街市，以滿足居民的需要。擴建街市所佔地皮位於原官涌街市以南，呈不規則形狀。由於工務司署無法於這塊不規則的地皮上興建一所標準輕型街市，只能建造一座楔形的鋼筋混凝土街市（圖5.14）。這個單層街市佔地5,800平方呎，價值約79,000港元的工程合約由東山建築公司投得，亦即是建造西營盤街市和堅尼地城批發市場的同一承建商。此街市於1954年9月7日開業。[35]

官涌街市擴建部分由設計必列啫士街街市的同一位建築師H. Y. Chan負責，所以這兩座街市有幾項設計上的共通點。官涌街市擴建部分設計樸素，它的立面處理與必列啫士街街市相似，例如窗戶向後退縮，並以橫向的長混凝土百葉遮蓋。官涌街市擴建部分有一個混凝土平屋頂，頂部有一個大通風天窗（圖5.15）。街市有19個肉檔、23個魚檔和一個冰庫。[36]檔位佈置在街市的正中心和牆邊（圖5.16）。

原官涌街市及其擴建部分於1980年代後期被拆，取而代之的是於1991年1月在同一處開業的官涌市政大廈。

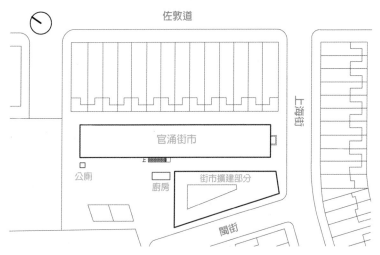

圖 5.14 官涌街市擴建部分。

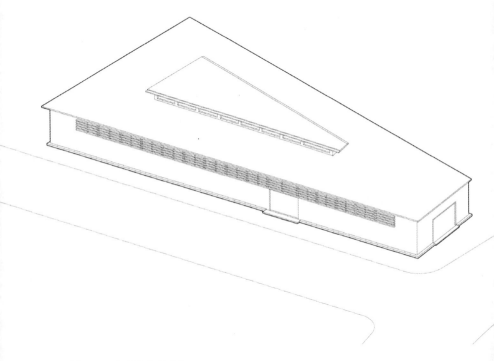

圖5.15 官涌街市擴建部分。

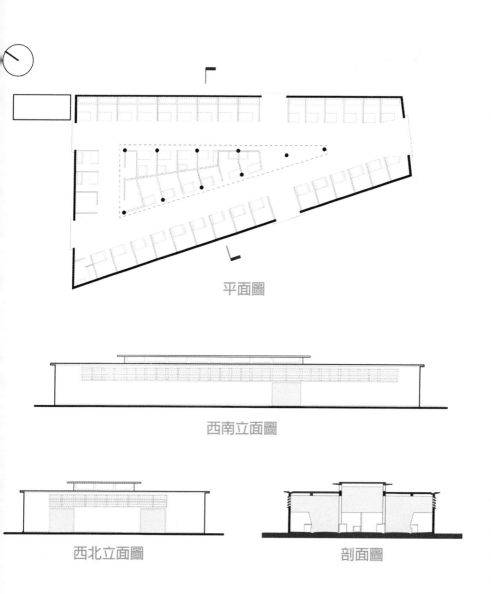

平面圖

西南立面圖

西北立面圖　　　　　　剖面圖

▍ **圖5.16**　官涌街市擴建部分平面、立面和剖面圖。

5.5 戰後最大街市：油麻地街市

舊油麻地街市倒塌

除了五年輕型街市建造計劃下興建的六所街市外，市政局和工務司署還重建了油麻地街市。重建工作是計劃之外的緊急任務，因為油麻地街市的部分屋頂在 1953 年 7 月 15 日倒塌。工務司署宣佈整棟街市為危樓，並立即疏散所有檔主。攤檔暫時搬到新填地街油麻地蔬果街市前的空地擺檔。把油麻地街市拆除及清理土地後，工務司署在原址搭建了一個由木架鋪上金屬板而成的臨時街市，讓檔主們在 1954 年 4 月搬進此處繼續經營。[37]

早在 1937 年，市政局已開始討論方案，希望以一所樓高兩層的現代化街市，取代相距僅兩個街口的油麻地街市和油麻地蔬果街市。不過，因為抗日戰爭爆發，市政局未能對合併計劃作進一步討論。油麻地街市於 1953 年倒塌後，市政局重啟將兩個街市合併的計劃。新街市將會興建於油麻地蔬果街市原址，東靠新填地街，南靠北海街，西靠炮台街，北靠甘肅街。它保留了「油麻地街市」的名稱，但人們也慣常稱其為「甘肅街街市」。

油麻地街市（甘肅街街市）（1957）

市政局在 1954 年 9 月要求工務司署設計一座 11 層高的街市大樓。地下及一樓預留作街市之用，二樓至八樓作為當時隸屬市政局的香港屋宇建設委員會的廉租屋，九樓及十樓則用作街市的職員宿舍。市政局一年後決定，從計劃中剔除廉租屋部分。雖然將住宅單位納入街市的計劃最後並無實現，但反映當時市政局已開始考慮興建多用途大廈。剔除廉租屋後，修訂的方案意味着油麻地街市只有三層高，最低兩層為零售空間，最高一層作部門宿舍。[38]

　　油麻地街市由工務司署建築師Juncan Chang設計，是戰後興建最大的一所街市。[39]《香港及遠東建設者》(*Hong Kong and Far East Builder*)指出，雖然油麻地街市是「實用的設計」，但有着令人賞心悦目的外觀。[40]這座採用鋼筋混凝土建造的街市，與中環街市的設計有不少相似的地方，彼此均有長方形建築體量、中央天井以及連接建築物兩端主要入口的大樓梯（圖5.17、5.18、5.19）。與中環街市一樣，油麻地街市的員工宿舍從主要的街市樓層外牆往後退縮。因此，從街道望向油

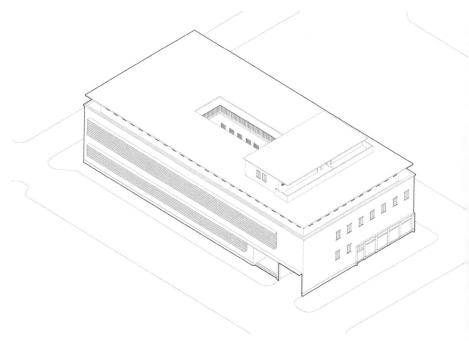

▎**圖5.17**　油麻地街市帶強烈的橫向感。

▌圖 5.18　一條大樓梯將顧客帶到上層。

▌圖 5.19　位於街市中央的天井。

圖 5.20　從甘肅街望向油麻地街市。

麻地街市時，人們看到的是一個完美的長方體建築（圖 5.20）。油麻地街市外觀強調橫線。必列啫士街街市和官涌街市擴建部分採用的橫向混凝土百葉，亦同樣使用在油麻地街市的東和西立面上，為街市在各種天氣下提供全面保護，同時允許充足光線和空氣進入室內（圖 5.21）。

　　油麻地街市檔位的設計和佈局上都遵循中環街市的模式：檔位靠着建築物的外牆而置，另一組檔位則背靠中央天井的牆身。這樣的佈局，令到每層的行人通道兩旁均有零售檔位（圖 5.22）。地下設有 6 個菜檔、2 個生果檔和 55 個配備魚缸的魚檔（圖 5.23）。冰庫安放在冰店旁邊，方便出售冰塊予魚販。街市向炮台街一面有一個大型卸貨車位連卸貨平台，以供運載肉類和其他產品的貨車上落貨之用。肉類可經電動吊機運往一樓的肉檔。向新填地街一面有一個垃圾車位，它連接着一樓的垃圾槽，方便清除垃圾。這個街市亦設有足夠的廁所。[41]

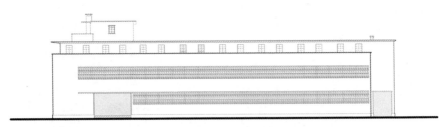

東立面圖（向新填地街）

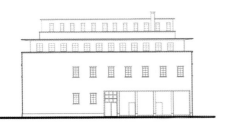

南立面圖（向北海街）

北立面圖（向甘肅街）

┃ **圖 5.21**　油麻地街市立面和剖面圖。

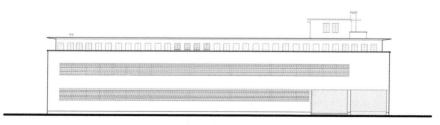

西立面圖（向炮台街）

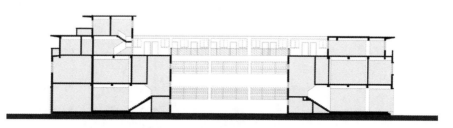

剖面圖

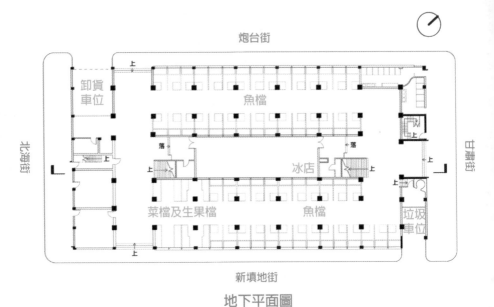

炮台街

卸貨
車位

魚檔

北海街

冰店

甘肅街

菜檔及生果檔

魚檔

垃圾
車位

新填地街

地下平面圖

冷凍庫

肉檔

家禽
屠宰房

家禽檔

肉檔

一樓平面圖

圖5.22 油麻地街市平面圖。

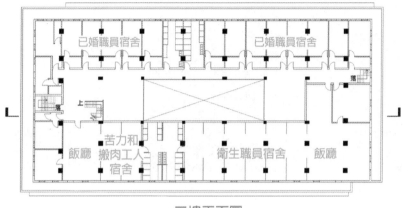

二樓平面圖

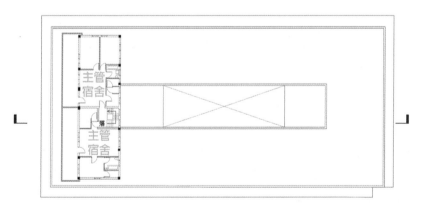

屋頂平面圖

┃ **圖 5.23** 油麻地街市地下魚檔（2022）。

┃ **圖 5.24** 一樓有些肉檔現已空置。

　　一樓有45個肉檔和18個家禽檔（圖5.24）。家禽檔位於一個寬大的家禽屠宰房附近，該屠宰房配備燙燒家禽的爐灶。這一層亦設置了一個用來保鮮肉類的大冷藏室。值得一提的是，這個街市在1957年落成時並無提供蔬果檔，因為市政局留意到附近的街頭小販廣泛銷售蔬果。[42]

　　街市的二樓提供了住宿予市政事務署職員。最大的宿舍屬於衛生職員，內有一個大飯廳和大廚房。另一宿舍和飯廳則供應予苦力和搬肉工人之用，但面積較前者為小。這兩間宿舍共用廁所和淋浴設施。除了這兩個宿舍，二樓還有為已婚職員提供的數間獨立宿舍。這些宿舍每間面積為19乘10.5呎，並配有一個廚房和大陽台。此外，屋頂的南側還建造了一間天台屋，內有一個三房單位和一個兩房單位，分別供負責管理街市的人員和其助手使用。[43]

　　興建油麻地街市的合約由永生建設工程有限公司（Winsome Co.）奪得，價值622,744.36港元。[44]此街市的興建成本遠高於同期興建的輕型街市。油麻地街市於1957年11月1日開幕，至今仍在營業。

5.6 小結

戰後重建期間，香港面對許多經濟和社會挑戰。美國和聯合國對中國的貿易禁運導致香港經濟停頓了一段時間。與此同時，內地政局動盪導致大量中國難民湧入，對香港的住房供應、社會服務和基建設施造成莫大壓力。在此期間，市政局希望重建在戰爭中損毀或日久失修的公眾街市，並認為興建更多公眾街市有助於穩定食物供應和降低不斷上漲的生活成本，有利香港戰後復甦。然而，市政局的計劃卻往往因政府的預算限制和工務司署建築人員短缺而受阻滯。

香港戰後經濟困境使政府無法興建豪華的公眾街市。故此，市政局和工務司署採用標準化模型來節省建築成本、時間和設計建築物所需的人力。市政局於1951年推出的輕型街市建造計劃採用了標準化單層街市模型，既經濟實惠，建造又快捷容易。

對於因基地條件限制而無法應用輕型街市模型的公眾街市，工務司署採用現代主義設計。工務司署自1930年代以來就已傾向興建現代建築。經過二戰前以簡約古典和現代流線型風格興建街市的一連串試驗（參閱第四章），工務司署在必列啫士街街市和官涌街市擴建部分完全採用了現代主義設計。這些現代主義的戰後街市使用鋼筋混凝土建造，採用簡單的楔形建築體量，具有以橫線為主的不對稱立面和以功能性設計的平面佈局。這些現代主義建築的元素亦應用於油麻地街市，是當時最大的戰後街市。該街市的龐大規模亦反映人口由香港島逐漸擴展至九龍。

註釋

1   Chi Man Kwong and Yiu Lun Tsoi, *Eastern Fortress: A Military History of Hong Kong, 1840–1970* (Hong Kong: Hong Kong University Press, 2014), 222.

2   *Hong Kong Annual Report 1946* (Hong Kong: Government Printer, 1947), 2.

3   "Colony Faces Huge Deficit: First Post-War Budget," *South China Morning Post & The Hongkong Telegraph*, July 26, 1946, 1–2.

4   *Hong Kong Annual Report 1946*, 4–5, 13.

5   *Hong Kong Annual Report 1949* (Hong Kong: Government Printer, 1950), 32.

6   "Further Taxation Soon? Government Facing Deficit of Eighteen and Half Million," *South China Morning Post*, September 9, 1948, 1–2.

7   *Hong Kong Annual Report 1948* (Hong Kong: Government Printer, 1949), 9; *Hong Kong Annual Report 1949*, 2; *Hong Kong Annual Report 1955* (Hong Kong: Government Printer, 1956), 8.

8   *Hong Kong Annual Report 1951* (Hong Kong: Government Printer, 1952), 8.

9   *Hong Kong Annual Report 1951*, 43; *Hong Kong Annual Report 1952* (Hong Kong: Government Printer, 1953), 11.

10 "Hongkong's High Cost of Living: Past Year Saw Prices Soar Up," *South China Morning Post*, November 3, 1951, 1–2.

11 "Reform Club Meeting Holds Discussion on High Cost of Living," *South China Sunday Post*, February 6, 1955, 2.

12 "Food Shop Licences: New Policy Introduced by Urban Council," *South China Morning Post*, December 6, 1950, 6.

13 *Annual Report of the Chairman, Urban Council, and Head of the Sanitary Department, for the Year Ending 31st March, 1947* (Hong Kong: Noronha & Co., 1947), 3.

14 "Vegetable Sale: Wholesale Market to Be Opened," *South China Morning Post & The Hongkong Telegraph*, August 13, 1946, 1; "Market in Kowloon," *South China Morning Post & The Hongkong Telegraph*, August 29, 1946, 5; *Annual Report of the Chairman, Urban Council, and Head of the Sanitary Department, for the Year Ending 31st March, 1947*, 3.

15 *Hong Kong Annual Report 1951*, 70.

16 "Official Record of Proceedings, 21 March 1951," in *Hong Kong Hansard 1951* (Hong Kong: Legislative Council, 1952), 77–78.

17 *Hong Kong Report of the Urban Council and Sanitary Department for the Financial Year 1st April, 1948–31st March, 1949* (Hong Kong: Noronha & Co., 1949), 10.

18 Runhe Liu, *A History of the Municipal Councils of Hong Kong: 1883–1999: From the Sanitary Board to the Urban Council and the Regional Council* (Hong Kong: Leisure and Cultural Services Department, 2002), 143.

19 "Markets and Market Areas (N.T.) Rules, 1949," Cap. 97, Section 4 § (1949).

20 *Hong Kong Annual Report of the Director of Public Works for the Period 1st April, 1948 to 31st March, 1949* (Hong Kong: Government Press, 1949), 8.

21 "The Urban Council: Ten Constructional Projects Recommended," *South China Morning Post*, September 24, 1952, 6.

22 "Urban Council: Housing, Bathing Beaches and Squatters Discussed," *South China Morning Post*, June 2, 1953, 12.

23 "Hunghom Market: Will Be Ready for Occupation on April First," *South China Morning Post*, March 1, 1952, 6.

24 這13個街市包括九龍城、紅磡、長沙灣、必列啫士街、官涌、堅尼地城、駱克道、寶靈頓道、西灣河、花園街、黃泥涌、軒尼詩道及香港仔街市。"The Colony's Markets: Five-Year Plan for Improvements and Replacements Begins in 1956," *South China Morning Post*, July 7, 1954, 9.

25 "Urban Council: Housing, Bathing Beaches and Squatters Discussed," 12.

26 "Model Market: Being Planned for Kowloon City," *South China Morning Post*, October 21, 1950, 7.

27 *Annual Departmental Report by the Director of Public Works for the Financial Year 1950–1* (Hong Kong: Noronha & Co., 1951), 6.

28 *Annual Departmental Report by the Director of Public Works for the Financial Year 1951–2* (Hong Kong: Government Printer, 1952), 8; *Hong Kong Annual Departmental Report by the Director of Public Works for the Financial Year 1953–54* (Hong Kong: Government Printer, 1954), 15; *Hong Kong Annual Departmental Report by the Director of Public Works for the Financial Year 1954–55* (Hong Kong: Government Printer, 1955), 18.

29 *Hong Kong Annual Departmental Report by the Director of Public Works for the Financial Year 1954–55*, 10; *Hong Kong Annual Departmental Report by the Director of Public Works for the Financial Year 1956–57* (Hong Kong: Government Printer, 1957), 8.

30 "Proposed New Market: Arbitration Board to Determine Compensation for Land Resumed," *South China Morning Post*, November 5, 1952, 6.

31 "Another New Market: To Help Meet Increasing Demand of Increased Population," *South China Morning Post*, May 1, 1953, 7; "Bridges Street Market," *Hong Kong and Far East Builder* 10, no. 3 (September–October 1953): 21.

32 *Annual Departmental Report by the Director of Public Works for the Financial Year 1952–3* (Hong Kong: Government Printer, 1953), 9.

33 "Bridges Street Market," 21.

34 "Report of the Director of Public Works for the Year 1923," in *Administrative Reports for the Year 1923* (Hong Kong: Government Printer, 1924), Q105.

35 *Hong Kong Annual Departmental Report by the Director of Public Works for the Financial Year 1954–55*, 18; "Government Contracts Awarded: May to July 1954," *Hong Kong and Far East Builder* 10, no. 6 (1954): 56.

36 "Kun Chung Market Extension: Opened by Mrs Kwok Chan," *South China Morning Post*, September 8, 1954, 8.

37 *Hong Kong Annual Departmental Report by the Chairman, Urban Council and Director of Urban Services for the Financial Year 1953–54* (Hong Kong: Government Printer, 1954), 23; *Hong Kong Annual Departmental Report by the Chairman, Urban Council and Director of Urban Services for the Financial Year 1954–55* (Hong Kong: Government Printer, 1956), 43;〈新填地街市場籌備改建，街市街市場恢復〉,《工商晚報》，1954年4月19日，頁4。

38 *Hong Kong Annual Departmental Report by the Director of Public Works for the Financial Year 1954–55*, 18; *Hong Kong Annual Departmental Report by the Director of Public Works for the Financial Year 1955–56* (Hong Kong: Government Printer, 1956), 17.

39 "New Kowloon Market: Largest Built by Government since End of War," *South China Morning Post*, November 2, 1953, 7.

40 "New Market in Kowloon," *Hong Kong and Far East Builder* 11, no. 6 (1955): 36.

41 *Hong Kong Annual Departmental Report by the Chairman, Urban Council and Director of Urban Services for the Financial Year 1957–58* (Hong Kong: Government Printer, 1958), 36–37.

42 *Hong Kong Annual Departmental Report by the Chairman, Urban Council and Director of Urban Services for the Financial Year 1956–57* (Hong Kong: Government Printer, 1957), 47.

43 "New Market in Kowloon," 37; *Hong Kong Annual Departmental Report by the Director of Public Works for the Financial Year 1956–57*, 14.

44 "Government Contracts Awarded," *Hong Kong and Far East Builder* 12, no. 3 (1956): 23.

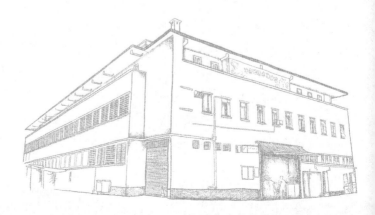

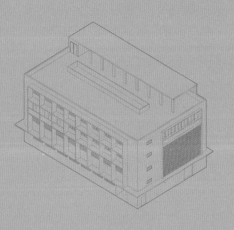

06

第六章 公眾街市與多用途設計

6.1 複合式街市安置小販

五年街市重建計劃（1956）

舊油麻地街市於1953年7月倒塌，令市政局和公眾關注戰前街市的安全和實用性。在1954年7月的一次市政局會議中，一名市政局議員質問市政局主席兼市政事務署署長利澤時（Harold Giles Richards），是否「意識到市區有些街市已經失去功效」。[1] 利澤時表示認同，並匯報市政局將會在1956年草擬一個新的五年街市重建計劃。

最初，街市重建計劃涵蓋了11所街市。[2] 可是，由於工務司署建築人員短缺，計劃的實施被嚴重延遲。此時工務司署忙於處理政府在1953年石硤尾大火後展開的大規模徙置計劃，該次火災導致超過五萬名寮屋居民無家可歸。因此，街市重建計劃並無取得重大進展，除了在1959/60財政年度，市政局決定將街市重建計劃由原來的11所街市增至13所，並依照工務司署所訂的名單安排重建的優先次序（表6.1）。[3]

表 6.1　1956 至 1961 年街市重建計劃內 13 所街市的興建次序			
次序	街市	次序	街市
1	掃桿埔	8	旺角
2	九龍城	9	官涌
3	北角	10	北街
4	西灣河	11	紅磡
5	石塘咀	12	土瓜灣
6	深水埗	13	寶靈頓
7	筲箕灣		

("Public Works Programme 1959/60 [U.S.D. 12/15/58]," February 23, 1959, HKRS575-2-6, Public Records Office, Hong Kong.)

第一所複合式街市：燈籠洲街市（1963）

銅鑼灣渣甸街的掃桿埔街市，位列工務司署街市重建優先名單之首。該街市建於1858年，隨後陷入日久失修的狀態。白蟻侵蝕街市的木造屋頂桁架，導致部分屋頂在1957年5月倒塌。[4] 工務司署立即疏散所有檔位，並緊急拆卸存在結構風險的部分，並用木材支撐鞏固街市其餘部分。由於這街市非常陳舊，維修費用太高，因此市政事務署建議在現址重建整個街市，並決定更改街市具誤導性的名稱，因為該街市實際上並不坐落於香港人所熟知的掃桿埔區。[5] 相反，本地人習慣稱該區為「燈籠洲」，而該街市更常被稱為「燈籠洲街市」。故此，市政事務署以這個流行的名稱命名新街市。[6]

可惜的是，由於市政事務署不斷更改對燈籠洲街市的要求，導致這個街市的設計過程進展緩慢。當時，公眾街市周圍佈滿街頭小販和私營糧食店已成慣例，但這有損公眾街市的生意，尤其街市內有許多蔬果檔因缺乏生意而丟空，因為大多數顧客更喜歡光顧街頭小販。街頭小販的存在亦阻礙交通，並導致衛生情況惡劣。多年來，市政局一直希望將小販由街頭搬遷到室內街市，所以它要求在街市重建計劃下興建的所有新街市，包括燈籠洲街市，都要為出售蔬果的小販攤位提供空間，並決定從此不再在公眾街市設置蔬果檔，改為以室內小販攤位取代。[7]

市政事務署最初在1957年12月提出的計劃，是將燈籠洲街市打造成香港第一個「複合式街市」（composite market）。所謂「複合式」街市，即是將小販攤位和街市檔位放置在同一室內街市之內。擬建的燈籠洲街市將為三層高，可容納200個讓小販出售蔬菜和雜貨的小攤位，再加上賣肉、魚和家禽的檔位，以及食堂、街市辦公室和街市職員的已婚宿舍。[8] 可是，市政事務署在1958年再度更改這方案，除了三層街市零售樓層外，市政事務署希望燈籠洲街市日後能夠在原建築上加建多四層，為職員提供宿舍。[9] 由於工務司署欠缺人手處理燈籠洲街市方案，所以在 1958 年 9 月委託私人建築師黃祖棠負責此項目。[10]

由於燈籠洲街市的零售樓層有三層之多，因此必須安裝載貨及載客升降機。但是政府拒絕增設升降機，因為會額外耗費 10 萬港元。[11] 為了解決這個問題，市政事務署在 1960 年再次修改燈籠洲街市的設計要求。街市改為四層樓高，但零售樓層僅限於最低兩層，而員工宿舍則佔最頂兩層。不過，若將來市政局擴建街市，街市的結構將容許額外加建三層。[12] 福記建築公司（Fook Kee Construction Co.）被委託為總承建商。

1961 年 4 月，燈籠洲街市還未動工，舊掃桿埔街市的 17 名肉販反對將他們搬遷至新燈籠洲街市一樓。他們指出顧客一般不願登上公眾街市較高的樓層，並引灣仔街市一樓肉檔生意淡薄的情況為例，他們擔心街上私營肉店會帶來激烈競爭，所以提出將肉檔搬到地下。然而市政局拒絕他們的要求，並強調在任何多層街市中，肉檔難免要放在較高樓層。[13]

在 1962 年 3 月燈籠洲街市興建期間，市政局議員留意到在一些公眾街市，檔主與小販管理隊常常發生衝突。市政事務署研究衝突原因，發現是因為街市缺乏足夠工作空間讓檔主處理食材所致。比如由於肉檔太細，肉販不得不在公共通道上安放砧板切肉。同樣地，去蝦殼和拔雞鴨細毛等工序，通常由一群人擠在通道角落或檔位外，圍着一個籃或桶進行。這些活動阻礙人流，導致檔主和街市職員之間發生磨擦。[14]

故此，市政事務署在 1962 年 5 月建議所有新建街市應在檔位後面提供獨立的工作通道，用來運送貨物和進行處理食材等活動。貨物到達街市時，應直接經由工作通道送到檔位，而不須穿過公眾通道。雖然燈籠洲街市原定於 8 月竣工，但市政事務署仍決定在檔位後面加設工作通道，即使檔位面積會因而縮小，而且無可避免地會延遲街市的完工日期。市政事務署解釋，「要興建一座可使用50年的街市，如果一開始就知道其設計不令人滿意，那只會製造麻煩，並無意義。」[15] 因此，燈籠洲街市延遲至1963年3月1日完工，並由市政局議員張有興主持開幕。

燈籠洲街市東北靠渣甸街，東南和西南靠渣甸坊，西北靠逢源街。這座樓高四層的街市以鋼筋混凝土建造，佔地109乘67呎，採用長方形建築平面（圖6.01）。街市的立面展現出強烈的規律性，以橫直線作主要裝飾。一塊長長的簷篷環繞着整個街市外圍（圖6.02）。兩層零售樓層的窗戶並無裝上玻璃，就如必列啫士街街市、官涌街市擴建部分和油麻地街市一樣，僅以橫向混凝土百葉遮擋。面向渣甸坊（東南）的正立面由方格遮陽板遮蓋，而面向渣甸坊（西南）和渣甸街的立面則鋪設了交錯的方形通花磚（圖6.03、6.04）。

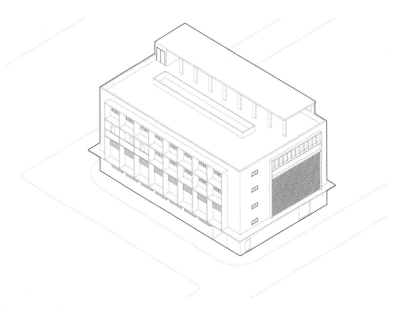

▎ **圖 6.01** 　燈籠洲街市的外貌展現出強烈的規律性。

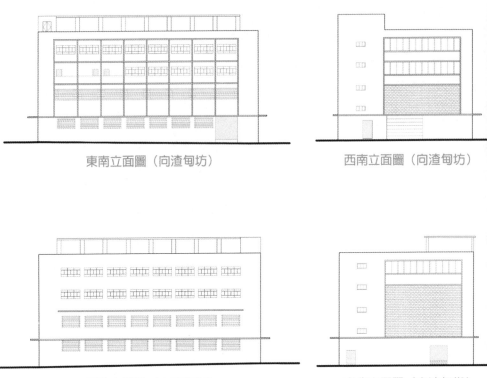

東南立面圖（向渣甸坊）　　　　西南立面圖（向渣甸坊）

西北立面圖（向逢源街）　　　　東北立面圖（向渣甸街）

剖面圖

▍ **圖6.02**　燈籠洲街市的立面和剖面圖。

▌圖 6.03　燈籠洲街市外牆的方格遮陽板和通花磚牆。

▌圖 6.04　從街市內望向通花磚牆。

街市的主要入口開向渣甸街。地下提供22個魚檔和83個小販攤位。街市檔位與建築物較長一面平行，在檔位和外牆之間開設工作通道（圖6.05）。小販攤位在中央排成行列，並以公共通道分隔。地板畫上框線來界定每個攤位的邊界。小販攤位每個為4乘3呎，由市政局每週透過抽籤分配。以往街頭小販出售的蔬菜和雜貨，今後可在室內街市購買。當燈籠洲街市開幕後，小販便不准在附近街道擺賣。[16]

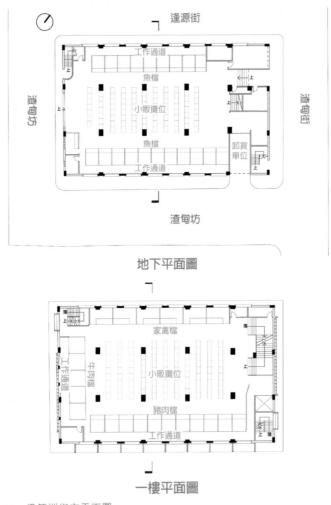

┃圖 6.05　燈籠洲街市平面圖。

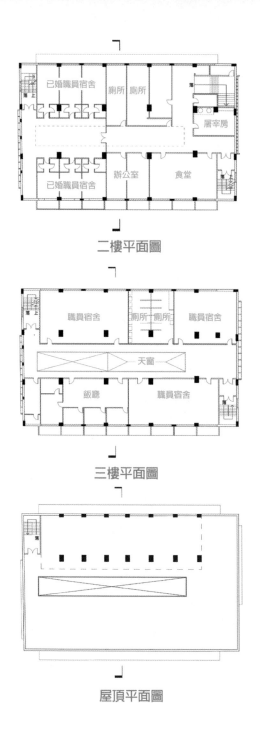

二樓平面圖

三樓平面圖

屋頂平面圖

街市的運肉貨車入口開向渣甸坊。在該處卸下的肉類將被帶到一樓，那裏開設了6個家禽檔、5個牛肉檔和11個豬肉檔（圖6.06）。工作通道只安置在牛、豬肉檔背後，並無提供予家禽檔（圖6.07）。檔位靠着街市三面牆安放，另外95個小販攤位位於樓層中央（圖6.08）。所有室內牆身和枱位均由水磨石米（rubbed grano）飾面，易於清潔。地板則鋪上抹平石米（trowelled grano）。

▌ **圖6.06** 一樓現已空置的家禽檔。

▌ **圖6.07** 工作通道開設在一樓豬肉檔背後。

圖 6.08　1963 年（上）和 2021 年（下）的街市一樓。相片左邊為豬肉檔，右邊為家禽檔。中央空間留給小販攤位。地板畫上框線界定小販攤位的範圍。
("New Market in Hong Kong Reduces Personal Contact to a Minimum," *Hong Kong and Far East Builder* 17, no. 6 [April 1963]: 80.)

二樓有一個供檔主使用的食堂、一個街市辦公室和六個已婚職員的小宿舍。三樓有三個供給市政事務署人員的宿舍、飯廳、浴室和廁所。屋頂的大天窗將陽光引進二樓和三樓（圖6.09）。屋頂上增建了一間用作洗衣房的天台屋。[17]

燈籠洲街市今天仍在營業，但一樓因缺乏生意而丟空。地下中央原本預留予小販攤位的空間，現已改建成幾個菜檔（圖6.10）。

▍圖6.09 屋頂的大天窗將陽光引進員工宿舍所在的兩個樓層。

▍圖6.10 原本預留給小販攤位的中央空間，現已改成菜檔。有些魚檔今天亦已空置。

6.2 街市重建計劃的挫敗

複合式街市：失敗的試驗？

1963年3月，即燈籠洲街市落成後不足三個月，不少菜販向市政事務署請願，要求准許回到街市周邊街道擺檔。他們埋怨燈籠洲街市的小販攤位太細，生意量亦不及在外面街頭擺賣。市政事務署也注意到，有小販差使他們的孩子到街上兜售蔬菜，還發現街頭小販搬進燈籠洲街市後，附近開始有幾間私營店鋪在未取得新鮮糧食店牌照的情況下，開始違規售賣蔬菜。[18] 在1963年6月，約有40%小販在無事先通知市政事務署的情況下，撤出燈籠洲街市。街市到了6月底只剩下幾個小販攤位仍然營業。市政局不想和小販作對，便接受了市政事務署的建議，將燈籠洲街市周邊街區劃為小販限制區，可讓持牌小販在此正式擺賣。[19]

由於複合式室內街市未能成功安置街頭小販，迫使市政局於1964年擱置街市重建計劃。[20] 市政局議員對哪種街市最適合哪個地區、如何善用土地興建街市，以及新鮮糧食店會否比公眾街市更能迎合城市人口的購物需要等問題，均存有疑問。[21] 公眾街市上層的檔位幾乎沒有生意，所以經常被丟空。檔位空置率由1964/65年度的4.7%，上升至1968/69年度的8.1%，使市政局議員質疑是否應該繼續興建新的公眾街市（表6.2）。他們特別就北角區的情況討論，鑑於北角土地稀少而且地價高昂，以及該區新鮮糧食店激烈競爭，他們爭論是否應按原來的計劃，在北角興建一所公眾街市。[22]

表 6.2　公眾街市檔位空置率					
年度	1964/65	1965/66	1966/67	1967/68	1968/69
檔位總數	2,136	2,136	2,137	2,131	2,148
空置率	4.7%	5.0%	7.0%	7.3%	8.1%

（根據市政局1964至1969年間的進度報告整合。）

　　經過深思熟慮後，市政局議員於1964年12月一致認為，1950年代後期擬訂的街市重建計劃並未能準確反映零售食店（尤其是那些位於新發展地區的）所面臨的情況。他們得出的結論是須引入一個新概念，將大型糧食店集中安放在多用途大廈的地下，大廈中間樓層設置停車場或其他合適的公共設施，屋頂則用作提供康樂設施。[23] 這個構思即是利用多用途大廈取代獨棟室內街市，以便更妥善利用政府土地。

　　有些市政局議員亦指出，在一些海外國家，超級市場有時會附帶遊樂場，讓孩童可以在成人購物時有地方可去。他們決定將這個構思引入香港，從1966年開始，市政事務署將現有街市屋頂改建成露天兒童遊樂場。[24] 首個遊樂場增設在灣仔街市屋頂。幾乎所有1966年後落成的新街市都附設屋頂遊樂場。

糧食店和小型枱位的試驗：北角街市（1969）

　　雖然部分議員質疑興建北角街市的必要性，但市政局最終對該項目開綠燈。市政局於1965年1月決定實施將大型現代糧食店納入北角街市的新構思。兩層高的北角街市坐落在一個天然斜坡上（圖6.11）。顧客從七姊妹道進入街市下層，經過一條購物走廊，一邊有4間大型糧食店，另一邊有10個小型枱位（mini-stalls）（圖6.12）。走廊的盡頭有一條樓梯將顧客帶到上層，那裏另有一條有8間糧食店和32個小型枱位的購物走廊。顧客可由上層直接走出百福道。

▌**圖6.11** 北角街市位於一個斜坡上。

▌**圖6.12** 地下的購物走廊。相片左邊為大型糧食店，右邊為小型枱位。

北角街市的大型糧食店出售魚、肉和家禽。除了一間面積為1,070平方呎的店鋪外，其餘11間店鋪面積均為736平方呎（包括460平方呎零售空間及276平方呎工作空間）（圖6.13）。這些店鋪的面積比一般街市僅約96平方呎的檔位大得多。市政事務署表示這種大小的店鋪，接近私營新鮮糧食店的規模。

▎圖6.13 北角街市內一間糧食店，現已空置。

市政局的市場事務委員會（Markets Select Committee）負責增設及管理街市設備。其主席羅保（Rogerio Hyndman Lobo）稱北角街市為市政局街市項目的「轉捩點」，因為它提供了42個小型枱位，它們的租戶是以前在北角街市附近街道擺賣的小販。[25] 這些小型枱位售賣蔬果及雞蛋、醃製食物、鹹魚、菇類、豆和豆製品等商品。每個枱位的面積為6乘4呎（圖6.14），比燈籠洲街市4乘3呎的小販攤位大。市政事務署希望鼓勵小販由街頭搬進室內，成為這些小型枱位的租戶。[26]

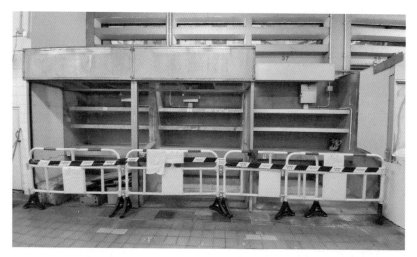

图 **6.14** 北角街市内的小型枱位，有些现已丢空。

遵循市政事務署的新方向，北角街市大部分屋頂被用作露天兒童遊樂場。另一部分則用作市政事務署的員工宿舍，這些宿舍用混凝土柱架空在遊樂場上（圖6.15）。北角街市於1969年12月竣工，並於1970年1月14日開業。[27]

图 **6.15** 員工宿舍架空在遊樂場上。

6.3 設計公眾街市的新方法

興建新街市的新政策

多年來，興建街市以提供便利市民的食物交易場所，讓人們可以用合理價格在衛生的環境下購買新鮮糧食，是市政局一項重要政策。然而，隨着新鮮糧食店數量增加和衛生標準提高，這項政策的成效受到挑戰。一些人認為以往只能在公眾街市出售的食品，現在同樣可由私營零售店鋪處理，而不用納稅人承擔興建街市的相關成本。市政局市場事務委員會在1967年7月發出通函，重申政府興建公眾街市，並只收取攤檔成本價的租金，目的乃壓低食物價格，為普羅大眾提供優良社區服務。委員會亦指出，私營糧食店傾向牟取暴利，所以比起賣菜，店主們對出售肉類更感興趣，因為後者比前者更有利可圖。相比之下，公眾街市提供多種新鮮食材，也可減低公眾對小販的依賴，這些小販的數量必須減到最少。[28]

市場事務委員會就市政局興建新街市的政策作出多項決定，其中包括以每年興建不少於四座街市為目標，當中包括重建陳舊和空間不足的街市。委員會指出，市政事務署與當時正研究香港土地運用、隸屬地政測量處（Crown Lands and Survey Office）的香港規劃大綱組（Colony Outline Plan Team）作深入討論，雙方一致認為，公眾街市對市民的價值，與其位置的方便程度有密切關係。於是他們建議，公眾街市不應距離其所服務的社區超過15分鐘步行時間。這意味着一個街市所能服務的社區大約為一英里的半徑範圍。此外，雙方訂下的目標是為每一萬名居民提供10個街市檔位，每個檔位所佔的樓面面積約為300平方呎。這個數字表示街市內須預留的空間，當中不僅包括作實際銷售食物的檔位面積，亦包含所有其他相關如儲物、洗滌和貨物裝卸設施的所需面積。最重要的是街市須為小販管理隊預留有限規模的附屬宿舍。

市場事務委員會理解最好的街市類型是單層街市，因為它對手上拿滿貨物的顧客最為方便，亦能為檔主帶來最多生意。可是若一個街市所處地皮太小，無法在一個樓層出售所有類型的食物，就必須利用較高樓層，這安排一直不受顧客歡迎。在這情況下，街市應該仔細規劃設計，通過設置升降機和自動扶手電梯，將顧客送到較高樓層。

　　儘管檔主和顧客都喜歡單層街市，但它們並未有效利用政府土地資源。故此市場事務委員會強調，或有必要將其他非街市設施，如停車場和遊樂場，放在街市上層，與街市二合為一。市政事務署還可能將空間作其他用途，例如小販管理隊宿舍，它只能附設在街市建築內。因此委員會得出的結論是，必須根據各個案，個別研究如何使用街市建築的高層。[29]

獲批的新標準空間規劃表

　　市場事務委員會於1967年7月發表有關興建新街市的政策通函後，市政局的建設工程委員會（New Building Schemes Committee）仔細調查了全部40座市區街市，查看裏面的空間規劃。委員會與三大街市公會的代表及香港規劃大綱組，就香港零售空間供應進行一連串討論。這些公會的成員經營着大部分公眾街市的零售攤檔。最後，建設工程委員會在1968年9月制定了香港公眾街市的新標準空間規劃表（表6.3）。[30]

　　在室內公眾街市的新標準空間規劃表中，市政事務署決定繼續提供類似北角街市的小型枱位，售賣蔬果和雞蛋。然而，對於售賣肉類、魚類和家禽，市政事務署不再採用北角街市的大型糧食店，反而重新使用街市檔位，每檔定下面積為12乘8呎，這亦使北角街市成為唯一開設大型糧食店的公眾街市。

項目	用途	面積	備註
檔位	肉、魚和家禽零售	12乘8呎	提供枱面、基本照明、電源插座、洗手盆和連接供水。
	蔬菜、水果（和雞蛋）	6乘4呎	如北角街市的小型枱位。
工作通道	供肉檔、魚檔和家禽檔預備銷售食品（例如切割肉塊等）	4呎闊	開設在檔位背後。
通道	顧客通道： • 於檔位與檔位之間 • 單行的檔位前	12呎闊 10呎闊	
	用於運送貨物至肉檔、魚檔和家禽檔	4呎闊	最好開設在工作區背後。
去毛房	屠宰、整理家禽和拔毛	提供每個家禽檔25平方呎；總面積至少150平方呎	安裝放血槽和軌道、洗手盆和連接供水；有至少三個去毛缸和柴油爐；提供枱面、燈和電源插座。
冰庫	為魚販供應冰塊	提供每個魚檔10平方呎；總面積至少100平方呎	房間須能隔熱以存放冰塊。要為租戶提供約40平方呎的辦公室/稱重和切肉空間。
洗手間	供街市員工及顧客使用		提供蹲廁、尿兜、洗手盆和鹹水沖廁。
街市儲物室	存放清潔用品	100平方呎	提供照明，有寬闊大門方便人們使用。
街市辦公室	供街市工頭和訪問督察使用	100平方呎	提供照明、電源插座和洗手盆。雖然非全日使用，但必須能為街市檔位租戶和公眾人士提供會面的空間。
小販管理隊辦公室	供四名全職職員使用	240平方呎	提供照明、電源插座和洗手盆。須提供冷氣。每日辦公時間早上7時至晚上11時。

表 6.3 公眾街市的標準空間規劃

（續下頁）

項目	用途	面積	備註
充公物品貯存所	小販管理隊存放充公貨品	400平方呎	提供照明和雙扇門。門窗要用鐵絲網保護和防盜。也要提供沖水。
卸貨平台	運送貨物至街市檔位	450平方呎	可容納至少兩輛貨車。平台應建在貨車尾板的高度，慢慢傾斜到街市地板水平。
危險品貯存庫	存放用來燙燒家禽的柴油	提供每個家禽檔6平方呎；總面積至少25平方呎	樓層要向下沉。要提供照明和防火門。
垃圾房		250平方呎	車輛能提起垃圾桶收集垃圾。上層垃圾槽連接至垃圾桶。至少需要13呎5英吋的淨高度。
單車停車場	檔位送貨服務	每單車位5乘2.5呎	每個檔位至少有一個單車位。如果有足夠地方，可為生果和菜檔提供額外單車位。
停車場	停泊檔販和小販管理隊的汽車		最多兩輛私家車和兩輛小販管理隊汽車。僅在空間足夠的地方提供。
宿舍	供工頭使用		K級員工的宿舍。有必要時作為其他宿舍。
其他	儲水缸鹹水供應	1,000加侖	在可行的地方沖洗。

("New Building Schemes Committee Proposed Standards for Markets [BL 8/3801/49]," September 3, 1968, HKRS716-1-18, Public Records Office, Hong Kong.)

這個新標準空間規劃表首次應用在新筲箕灣街市，該街市取代建於1872年的舊筲箕灣街市，位置在筲箕灣東大街與金華街交界。新街市共有三層，比其前身面積大六倍，以服務該區隨着鄰近屋邨明華大廈落成而迅速增長的人口。街市所有樓層由一條大樓梯和一部升降機連接。地下提供了22個魚檔和24個蔬果小型枱位，還備有卸貨平台、垃圾房、冰庫等配套設施。一樓設有7個家禽檔，並配備一個家禽燙毛房、36個小型枱位、一個街市辦公室和公廁。與燈籠洲街市一樣，所有檔位背靠着沿街市牆邊而建的工作通道，而所有小型枱位則位於樓層中央（圖6.16）。

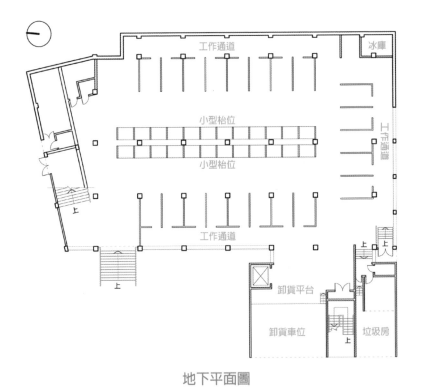

地下平面圖

‖ **圖6.16**　筲箕灣街市檔位沿街市外牆而置，而小型枱位則集中在樓層中央。

除了提供標準的街市設施外，筲箕灣街市附設其他非街市用途。二樓有一半面積預留給市政事務署地區健康中心（District Health Office），另一半則用作有蓋遊樂場，內有乒乓球桌、康樂棋枱等，街市的屋頂用作露天兒童遊樂場。街市職員宿舍則設置在屋頂上架空的天台屋。

筲箕灣街市立面主要建築特色是大幅的橫向混凝土百葉，可讓光線和空氣透進街市內部（圖6.17）。此街市耗資約200萬港元，並於1972年6月2日開業。[31] 由於空置率高，街市於2018年關閉，未來用途有待確定。

▍ **圖 6.17** 　筲箕灣街市外牆有大幅的橫向混凝土百葉。

將顧客帶到上層

在 1968 年為擬訂公眾街市空間規劃表所舉行的一連串會議中，市政事務署、香港規劃大綱組和主要公會的代表討論了普及多層公眾街市上層的方法。公會代表指出，應安裝自動扶手電梯而非升降機，將顧客送到較高樓層。市政事務署進一步提出，以半地庫或半夾層的錯層佈局可能更為合適，因為所需樓梯級數較少，署方提議按照這個錯層設計意念重建旺角街市。[32]

旺角街市於 1977 年 1 月 11 日開業，在舊芒角咀街市原址重建而成。在這個新街市中，市政事務署和工務司署引入了幾項新設計。第一，旺角街市是全港首個安裝自動扶手電梯方便顧客上落的公眾街市。另外，它採用錯層建築，將兩層分為四層（圖 6.18）。[33] 這個錯層佈置減少了樓梯級數，使顧客更容易登上高層。第二，旺角街市的樓層佈局與燈籠洲街市和筲箕灣街市不同，後兩者的檔位背靠外牆，小型枱位置於樓層中央。相反在旺角街市，攤檔集中在每層中央位置，被公共通道包圍。工作通道設在攤檔後面。另一方面，小型枱位則沿着街市牆邊安放（圖 6.19）。

與筲箕灣街市一樣，混凝土百葉是旺角街市立面主要設計特色，包圍着整棟建築物。街市屋頂用作有蓋遊樂場和露天兒童遊樂場。局部架高的天台屋作為員工宿舍和食堂。

旺角街市於 2010 年因生意欠佳而關閉。

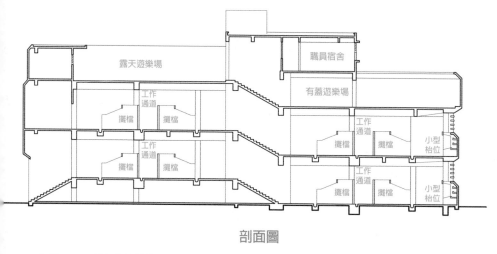

剖面圖

▍**圖6.18** 旺角街市的錯層佈局。

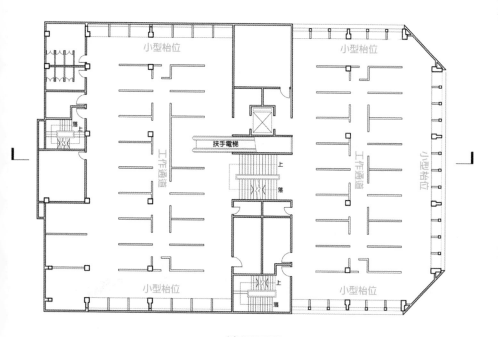

一樓平面圖

▍**圖6.19** 旺角街市的一樓平面圖，顯示建築物中間的自動扶手電梯。

6.4 市政大廈取代獨棟公眾街市

多用途和多部門街市

雖然1960年代香港人口快速增長，但在這十年間只有五座新街市落成，其中只有燈籠洲街市（1963）和北角街市（1969）是位於市區的永久性街市。新界有兩個小型開放式街市分別在錦田（1965）和深井（1966）落成，觀塘（1969）亦有一所臨時街市建成。這一時期興建的新街市受到土地短缺所限，導致市區街市設施嚴重不足。

市政局在1970年初重啟擱置了十年的街市計劃。隨着文化、康樂和其他市政服務納入街市建築，新街市計劃產生重大改變（表6.4）。筲箕灣街市、石塘咀街市及旺角街市均設有露天及有蓋兒童遊樂場和街市員工宿舍。市場事務委員會於1972年確認早已接納此多用途原則，且承認需要更有效地利用零售街市佔用的昂貴土地。街市通常位於其所服務社區的中心位置，也即是最難獲得土地的地方。故此，當市政局計劃重建已有街市或興建一所全新街市時，其目標是興建一座多層大廈，裏面除了有銷售食品、小販貨品和熟食的現代化設施外，還包括該區居民可能需要的其他社區設施。委員會強調這些街市的額外設施會根據各地區的需求和地皮面積而有所分別，或會以政府辦公室、閱覽室和其他市政設施形式出現。[34] 在這些多用途政府大廈中，市政局不會是主要的使用部門，因為街市僅佔整棟政府大廈的一部分。[35]

香港首棟多部門、多用途街市大廈是位於柴灣怡豐街的漁灣街市。雖然該街市屬於漁灣邨六萬人口發展計劃的一部分，但它是由市政局而非房屋委員會管理。這個造價500萬港元的街市在1978年12月開幕，總面積為77,000平方呎。街市樓層位於大廈地下，設有肉、魚、

表 6.4　1970 至 1981 年在市區公眾街市內的非街市設施

落成年份	街市	非街市設施
1970	北角街市	露天兒童遊樂場和員工宿舍
1972	筲箕灣街市	有蓋兒童遊樂場、露天兒童遊樂場、健康中心和員工宿舍
1974	石塘咀街市	有蓋兒童遊樂場、露天兒童遊樂場、街市辦公室和員工宿舍
1977	旺角街市	有蓋兒童遊樂場、露天兒童遊樂場和員工宿舍
1978	漁灣街市	熟食中心、公共圖書館和兒童遊樂場
1978	正街街市	熟食中心和露天兒童遊樂場
1979	鵝頸街市	熟食中心、有蓋兒童遊樂場、露天兒童遊樂場和員工宿舍
1981	田灣街市（外判私人建築師設計）	熟食中心、露天兒童遊樂場和屋頂花園

（註：興建在徙置區和公共屋邨內的街市不包括在此圖表內。）

家禽檔位 57 個，蔬果及雜貨小型枱位 356 個。高層用作非街市設施，是將熟食中心和公共圖書館併入街市大廈的首例。熟食中心有 20 個熟食檔，佔一樓一半面積，旁邊是一個座位區，供人們進食在熟食檔購買的食物。市政局希望此新設施有助重置街邊的熟食檔。圖書館位於二樓，並為學生提供自修室。此外，街市更附設一個兩層停車場。[36]

　　位於銅鑼灣灣仔道的鵝頸街市，是另一棟多用途街市大廈，取代了 1935 年位於堅拿道的寶靈頓運河街市。鵝頸街市花費逾 1,100 萬港元興建，於 1979 年 12 月 6 日開幕，分為南、北兩座，被灣仔道分隔，由一樓兩條行人天橋連接。南座採用類似旺角街市的錯層佈局，以減少樓梯級數。北座設有一條寬闊的自動扶手電梯，讓顧客可輕易進入一樓。鵝頸街市兩座總共提供了 45 個出售肉類、家禽和魚類的檔位，另外還有253個出售蔬菜、雜貨和其他乾貨的小型枱位。[37]不過街市檔位和小型枱位的分配和佈局,與之前落成的街市不同。街市檔位僅佔地下一半,背靠着工作通道,排成行列。地下其餘部分以及整個一樓都為小型枱位所佔。

作為一棟多用途街市大廈,鵝頸街市包含了一個內有12個熟食檔的熟食中心,和一個位於屋頂的有蓋及露天遊樂場。在正街街市(1978)和田灣街市(1981)也可找到類似的非街市設施。

市政大廈的發展

市政局決意開發多用途街市大廈,並在1977年發表計劃,通過加入圖書館、自修室、室內康樂和體育設施以及兒童遊樂場,充分利用街市大廈可用空間。零售樓層將保留在地下和一樓,以自動扶手電梯連接,而熟食中心將佔大廈二樓,目的是在不削弱大廈作為街市用途的情況下善用土地。[38]其他樓層的可能用途包括停車場和辦公室。市政局預計到1980年代中期,將有25所多用途街市及13所多部門街市落成。[39]

市政局在1979年公佈一項新的十年街市發展計劃,旨在興建52所街市,有一半位於香港島,另一半在九龍,並重建30所舊街市,包括南便上環街市。[40]該計劃正式標誌着香港獨棟公眾街市的終結。自此,公眾街市成為多用途政府大廈一部分,稱為「市政大廈」。

首棟市政大廈是市政局與房屋委員會合辦的一個項目,於1981年11月27日在牛頭角開幕。牛頭角市政大廈位於牛頭角道與安德道交界,取代了舊佐敦谷街市。房屋委員會負責設計和建造街市,市政局則支付2,760萬港元建造費用。該大廈包括一所佔兩層的街市、熟食中心、遊戲室、圖書館、優美庭院和其他康樂設施。[41]此後有更多市政大廈落成，例如香港仔市政大廈（1983）、西灣河市政大廈（1984）、土瓜灣市政大廈暨政府合署（1984）等。

6.5　小結

市政局的街市重建計劃在1960年代遇到不少困難，最終導致計劃擱置，街市檔位空置率上升。第一，市政局希望移走街上的小販。為了推行這項政策，工務司署在燈籠洲建造了一所複合式街市，首次將街市檔位和小販攤位放在同一屋簷下。然而這個政策證實失敗，因為小販攤位太細，有損小販生意。工務司署後來將小販攤位改成小型枱位，以改善情況。

第二，本地人口飲食和購物習慣有所改變。市政局自1950年起，允許私營糧食店在獲得新鮮糧食店牌照後售賣生肉和鮮魚。這政策結束公眾街市銷售新鮮食物的壟斷，幫助穩定香港食物供應，為人們帶來更多選擇，卻同時為街頭小販、私營糧食店和公眾街市帶來激烈競爭。許多顧客更寧願從街頭小販和街頭糧食店購物，也不願走上公眾街市上層買菜。結果多層公眾街市上層的檔位並不受租戶歡迎。雖然市政局和工務司署都意識到這個問題，但他們不能再興建單層街市，因為這樣未能有效利用政府土地。為吸引顧客到高層，工務司署開始在公眾街市內安裝自動扶手電梯，並研發錯層建築佈局以減少樓梯級數。

最後，由於市區土地短缺，市政局越來越難尋找合適地皮興建公眾街市。為確保土地得到善用，市政局開始開發多層多用途街市，除了提供一般街市設施外，還有其他社區和康樂設施（以及政府辦公室），市政局和工務司署不再在市區興建僅作街市用途的獨棟建築。

註釋

1   "The Colony's Markets: Five-Year Plan for Improvements and Replacements Begins in 1956," *South China Morning Post*, July 7, 1954, 9.

2   "Urban Services Department Reorganised: Annual Statement of U.C. Chairman," *South China Morning Post*, April 8, 1959, 9.

3   "Public Works Programme 1959/60 (U.S.D. 12/15/58)," February 23, 1959, HKRS575-2-6, Public Records Office, Hong Kong.

4   "Public Works Non-Recurrent. Estimates for 1958/59: Sookunpoo Market (U.S.D. 43/483/57)," Aguust 1957, HKRS156-1-6504, Public Records Office, Hong Kong; "Memorandum for Members of the Markets (Executive) Select Committee: Sookunpoo Market (Committee Paper 19/6/58–59)," June 13, 1958, HKRS438-1-16, Public Records Office, Hong Kong.

5   "Public Works Programme 1958/59 (U.S.D. 43/483/57)," January 8, 1958, HKRS156-1-6504, Public Records Office, Hong Kong.

6   "Memorandum for Members of the Markets (Executive) Select Committee: Renaming of So Kon Po Market (Committee Paper 10/11/59)," September 9, 1959, HKRS438-1-16, Public Records Office, Hong Kong.

7   *Hong Kong Annual Departmental Report by the Chairman, Urban Council and Director of Urban Services for the Financial Year 1960–61* (Hong Kong: Government Printer, 1961), 30–31.

8   "New Sookunpoo Market (U.S.D. 43/483/57)," May 27, 1958, HKRS156-1-6504, Public Records Office, Hong Kong.

9   "Norton to Wong (PWD 1/2461/46)," August 13, 1958, HKRS156-1-6504, Public Records Office, Hong Kong.

10 "Public Works Programme 1958/59 (U.S.D. 43/483/57)"; "Norton to Wong (PWD 1/2461/46)," September 9, 1958, HKRS156-1-6504, Public Records Office, Hong Kong.

11 "Memorandum for Members of the Markets (Executive) Select Committee: New Tang Lung Chau Market (Committee Paper 10/17/59)," December 8, 1959, HKRS438-1-16, Public Records Office, Hong Kong.

12 "Sookunpoo Market (P.W.D. 1/2461/46)," July 19, 1960, HKRS156-1-6504, Public Records Office, Hong Kong.

13 "Precis (Committee Paper 8/1/61, Appendix A)," April 12, 1961, HKRS438-1-16, Public Records Office, Hong Kong.

14 "Memorandum for Members of the Markets Select Committee: Recent Incidents in Markets Involving the Hawker Control Force (Committee Paper 8/24/61)," March 29, 1962, HKRS438-1-16, Public Records Office, Hong Kong; "Proposed Tang Lung Chau Market (U.S.D. 43/483/57 II)," May 30, 1962, HKRS156-1-6504, Public Records Office, Hong Kong.

15 "Proposed Tang Lung Chau Market (U.S.D. 43/483/57 II)."

16 "Draft Press Release for Issue on or after Midday on Monday, 18th February: Opening of New Tang Lung Chau Market," February 18, 1963, HKRS438-1-16, Public Records Office, Hong Kong; "New Market: Special Amenities at Causeway Bay," *South China Morning Post*, February 19, 1963, 6.

17 "New Market in Hong Kong Reduces Personal Contact to a Minimum," *Hong Kong and Far East Builder* 17, no. 6 (April 1963): 83.

18 "Memorandum for Members of the Hawkers and Markets Select Committee: Tang Lung Chau Multi-Purpose Market (Committee Paper 6/79/62)," March 28, 1963, HKRS438-1-16, Public Records Office, Hong Kong.

19 "Appendix 'A' — Resume of Position," May 26, 1964, HKRS438-1-38, Public Records Office, Hong Kong.

20 "Urban Council Statement of Progress during 1964/65," 1965, HKRS438-1-38, Public Records Office, Hong Kong.

21 "Memorandum for Members of the Standing Committee of the Whole Council (Committee Paper CW/118/64)," December 31, 1964, HKRS438-1-38, Public Records Office, Hong Kong.

22 "Markets Select Committee (Committee Minutes MKT/2/64)," November 14, 1964, HKRS156-1-7067, Public Records Office, Hong Kong.

23 "Urban Council Statement of Progress during 1964/65."

24 "Hongkong's First Roof Playground Opened," *South China Morning Post*, June 11, 1966.

25 "Speech by Mr. R. H. Lobo at the Opening Ceremony of the North Point Market on 14th January, 1970," January 14, 1970, HKRS70-7-14-1, Public Records Office, Hong Kong.

26 "North Point Market (USD L/M 8 in 17/483/55 IV)," October 15, 1970, HKRS156-1-7067, Public Records Office, Hong Kong.

27 "North Point Market (USD L/M 8 in 17/483/55 IV)."

28 "Memorandum for Members of the Markets Select Committee: Policy on the Construction of New Markets (Committee Paper MKT/12/67)," July 17, 1967, HKRS438-1-62, Public Records Office, Hong Kong.

29 "Memorandum for Members of the Markets Select Committee: Policy on the Construction of New Markets (Committee Paper MKT/12/67)."

30 "New Building Schemes Committee Proposed Standards for Markets (BL 8/3801/49)," September 3, 1968, HKRS716-1-18, Public Records Office, Hong Kong.

31 "Urban Council Statement of Progress for 1972/73," 1973, UC.CW.04.73, Hong Kong Public Libraries.

32 "Proposed Standard Retail Market," April 2, 1968, HKRS1039-1-10, Public Records Office, Hong Kong.

33 "Mongkok Market Gets Move On," *South China Morning Post*, April 19, 1976.

34 "Reply to Question No. 2 from Mr. Charles C. C. Sin at U. C. Meeting," August 6, 1972, HKRS70-7-14-1, Public Records Office, Hong Kong.

35 "Markets and Abattoirs Select Committee (Committee Minutes MAB/3/72)," July 28, 1972, HKRS 716-1-21, Public Records Office, Hong Kong.

36 "Urbco Market Plan Taking Shape," *South China Morning Post*, September 20, 1978, 9.

37 "New Market to Open Soon in Wanchai," *South China Morning Post*, October 14, 1979, 12.

38 "Market Buildings to Get Multi-Purpose Look," *South China Morning Post*, July 18, 1977, 10.

39 "Urbco Market Plan Taking Shape," 9.

40 "52 Markets Planned," *South China Morning Post*, May 9, 1979, 11.

41 *Urban Council Annual Report 1980–1981* (Hong Kong: Urban Council, 1981), 34; "New Market Going Up," *South China Morning Post*, December 9, 1978, 10; "Market Underway," *South China Morning Post*, December 5, 1980, 32; "Market Opens," *South China Morning Post*, November 28, 1981, 10.

結語

　　街市是我們在日常生活中最經常接觸到的其中一種公共建築。自香港成為英國殖民地之後，政府在每個人口集中的區域，都會興建一所公眾街市，以滿足居民的需要。由於香港一直依賴進口糧食，耕地亦通常遠離市區，因此公眾街市的設立可保障市區人口能方便地獲得新鮮食材。但我們卻因為街市太過普遍，每個人的家附近總有一座街市，而容易忽略它的歷史、社會和建築價值。通過研究公眾街市這種日常建築，我們發現它的發展軌跡，反映香港由面積細小的維多利亞城，逐步發展至一個人口稠密的大都會，過程中所經歷的社會變遷。公眾街市的管理、分佈、建築設計和功能，亦順應着香港社會在不同時代的需求而改變。

公眾街市回應社會需求

　　香港殖民地政府興建有蓋公眾街市，除了為市民和商販提供一個集中食物交易的場所外，還有三個重要原因。第一，政府希望透過興建公眾街市，減少小販在街頭擺賣而產生的公眾滋擾。自香港開埠以來，街頭擺賣活動所帶來的交通阻塞、衛生惡劣，以至火警風險等問題，深深困擾着殖民地政府。政府一直希望把街上的小販集中到室內街市營業。可惜的是，開埠之後超過一百年，政府都未能有效解決小販問題；反之，小販檔與公眾街市一直互相競爭，爭奪顧客。小販問題在1970年代之後才逐漸得到改善。

　　第二，政府希望通過壟斷街市營運以確保食物安全。在1950年代之前，冷藏技術尚未普及，食物容易腐爛，若遇上無良商販，不理食物朽壞照樣出售，便會危及市民健康，因此政府有必要妥善監管食物的狀況。為了方便和有效地監察食物安全，政府一方面禁止任何人在市區範圍內開設私營街市，另一方面規定生肉和鮮魚只能在政府公眾街市出售。在公眾街市以外的地方，如持牌小販攤檔、私營食店和旅館等，只能售賣蔬菜、生果、豆腐、鹹魚和熟食。讓公眾街市壟斷新鮮食物銷售這政策，一直維持到1950年代初。此後，若食店配備雪櫃等政府要求的設施，便可向政府申請新鮮糧食店牌照，在店內出售新鮮食物。

第三，政府期望透過興建更多公眾街市，降低食物售價。在1910年代至二戰之後，不論環球經濟或中國政局皆不穩定，直接影響香港的經濟和民生，造成嚴重的通貨膨脹，市民的生活成本包括糧食支出大幅上升。在這段期間，政府認為在各區增建公眾街市，可以引入更大競爭，有助降低食物價格。政府亦一直強調，公眾街市的檔位租金低廉，僅夠政府支付街市的營運成本，希望相宜的租金能令街市內的食物零售價格維持在較低水平。

由此可見，公眾街市並不只是一個食物交易場所，而是一個官方機關，讓政府可以調控食物的安全和質素、食物供應的價格和穩定性，以及市民獲取食物的途徑。

公眾街市建築設計的現代化

由19世紀中至20世紀初，總量地官處或其後的工務司署所設計的公眾街市，不論是開放式抑或室內街市，均採用西方建築風格，跟其他政府建築物一樣。尤其是1895至1913年間，亦即鼠疫爆發之後，工務司署建造了中環街市、北便上環街市、尖沙咀街市和南便上環街市共四座受愛德華時代建築風格影響的多層街市。這四座街市不僅超越了以往公眾街市的規模，使街市建築向多層發展，同時在建築造型、空間規劃、用料、裝飾和細部設計上，都比以前更為考究，反映政府重視公眾街市為一種重要的公共建築，而不是視之為一種無需考慮設計的純功能性建築物。

工務司署對公眾街市的設計，在1910年代迎來重大改變。準確來說，這個改變由1913年南便上環街市落成後開始。工務司署由1913年起，全面採用鋼筋混凝土作為街市的主要建築材料，建築物的設計亦因材料的改變而變得簡約，撤除了以往西方建築着重裝飾和細部設計的作風。工務司署將舊有的開放式街市改良，把磚柱改為混凝土柱，鋪瓦片的四坡屋頂改為混凝土平屋頂。自1930年代起，工務司署更開始採用標準化設計，在不同地區建造相同的開放式街市。這些改動能有效降低建築成本，亦省卻了設計的人力和時間，配合潔淨局希望透過增加公眾街市數量以降低糧食價格的政策。

1930年代，香港受到全球經濟蕭條影響，政府財政變得緊絀。但工務司署透過各種公共工程貸款，得以重建西營盤、灣仔和中環三座街市。工務司署以鋼筋混凝土作為建築材料，在設計上首次採用簡約古典主義和現代流線型風格。這三座公眾街市大膽地以混凝土簷篷或橫坑紋作裝飾，建築外貌表現出強烈的一體性和橫向感。街市外牆大範圍開窗，使室內通爽和光亮。這種新設計不僅全面改變了公眾街市的面貌，亦使這幾座新街市成為香港首批現代公共建築。當中中環街市的設計，明顯受到當時上海共同租界內一批現代街市所影響。

工務司署只是短暫地應用簡約古典主義和現代流線型風格於公眾街市設計之上。在第二次世界大戰之後落成的公眾街市，放棄了戰前街市的流線型設計，變得更貼近強調功能優先和簡約外觀的現代主義風格。必列啫士街街市、油麻地街市和燈籠洲街市等戰後落成的公眾街市，均採用長方形或楔形建築體量、不對稱立面設計、簡約樸實的建築外形，並大量使用長條形混凝土百葉或方格遮陽板作裝飾，使建築物的立面呈現一種井井有條的規律感。二戰後工務司署全面擁抱現代主義建築風格，這個取向亦可見於香港的私營建築。

公眾街市的建築形式演變過程，大概能反映香港建築如何脫離西方建築傳統，過渡到現代主義風格。過程先由建築材料的轉變開始，通過採用鋼筋混凝土和摒棄傳統建築裝飾，使建築物形狀和外貌變得簡約和一體化。最重要的是，工務司署採用現代風格，並非單純跟隨歐洲建築潮流。香港從19世紀末到20世紀中段這幾十年，經歷鼠疫爆發、罷工潮、經濟蕭條和兩次世界大戰，在社會動盪、政府財政緊絀和工務司署缺乏人手的背景下，工務司署必須尋求一個可以快捷、便宜和有效地興建公共建築的方法。現代建築比起傳統西式或殖民地風格建築，更能切合當時社會的需要。

公眾街市面對的挑戰

由於要善用公地，政府自1980年代起，停止興建僅作買賣食物用途的獨棟公眾街市，公眾街市從此成為市政大廈一部分。雖然如此，在2019年10月，香港有35所獨棟公眾街市仍然運作，由政府食物環境衛生署管理。[1] 不過，由於人們的飲食和購物習慣改變，這些獨棟街市遇到許多挑戰。市民現在可從多種途徑，如超級市場和新鮮糧食店，購買肉類和農產品。冷藏食物和罐頭食品成為我們現今飲食的重要部分，它們都可在不少地方輕易買到。網購食物也變得越來越方便和普及。面對各種食品零售場所帶來的競爭，截至2019年底，公眾街市的空置率約為13%。[2] 有些獨棟公眾街市如旺角街市、筲箕灣街市和燈籠洲街市，已完全或部分空置了一段時間。

雖然香港不少獨棟公眾街市已被拆卸，但有幾座得到保育和改建作新用途。香港現存最古舊的公眾街市是1906年落成的北便上環街市，不僅是香港僅存的西方建築風格街市，亦是唯一被列為法定古蹟的街市。北便上環街市在1991年被政府活化成為「西港城」購物中心。作為法定古蹟，北便上環街市得到政府的《古物及古蹟條例》保護。但現代風格的街市卻尚未得到同等認可。在現存的現代街市中，只有灣仔街市、中環街市和必列啫士街街市被古物諮詢委員會評定為三級歷史建築，而油麻地街市的歷史評級，在本書撰寫完畢之時（2022年5月），仍然有待古物諮詢委員會審定。過往，政府曾經打算拆卸灣仔和中環街市，騰出土地作商業發展，但都遭到保育人士、專業建築師團體和社區組織強烈反對，這兩座街市才最終得以保留。這些來自民間對現代街市保育的訴求，反映不少香港人都了解公眾街市的歷史和建築價值，以及它們對社區的意義。

除前述的北便上環街市被保育和改建成「西港城」外，灣仔街市、中環街市和必列啫士街街市也被活化作其他用途。於1937年落成的灣仔街市，很可能是工務司署首座完全脫離西方建築風格和習慣的政府建築，對香港的建築發展有重大意義。市區重建局在灣仔推行社區重建，將一段土地連灣仔街市出售給私人發展商，經保育人士一番爭取後，發展商同意活化灣仔街市成為一個購物設施。可惜的是，為了維護其經濟回報，發展商在街市大樓上加建了一棟住宅大廈。

中環街市於1939年竣工，所處位置從1842年起，一直為公眾街市用途，現今的中環街市已經是該址第四代街市建築，極富歷史價值。中環街市被市區重建局活化成文化和零售熱點，於2021年8月開幕，吸引不少市民參觀和購物。於1953年落成的必列啫士街街市，是戰後興建的第一所現代主義街市，透過政府的「活化歷史建築伙伴計劃」，現改用作香港新聞博覽館。活化後的中環街市和必列啫士街街市，保留了少量舊檔位，給參觀者回味昔日街市的光景。街市內亦有一些常設展覽，介紹原建築物的歷史和建築特色。

　　把舊街市活化及改作新用途，當然並非香港的獨有做法。例如在台北，於 1908 年日治期間，由日本人興建的西門市場八角堂（俗稱「紅樓」），自 1945 年起便被改用作紅樓劇場，之後經過多次轉手和改動，現在被活化成為文創空間和展演場所。同樣位於台北的新富市場，於 1935 年日治時期較後期落成，於 2017 年活化成新富町文化市場，提供飲食教育場所、展覽空間和餐飲設施等。新加坡的老巴剎前身為街市，建於 1894 年，在 1990 年代改為熟食中心。老巴剎是最早一批被新加坡國家文物局評定為國家古蹟的建築物，受到法律保護。

　　可是，活化成新用途並不應是舊街市的唯一出路。我們訪問了一些獨棟公眾街市的檔主和顧客，他們認為舊獨棟街市位置佳、樓底高、有自然光，他們亦對這些街市充滿回憶。但他們大部分都認為這些街市沒有扶手電梯，導致街市上層的檔位空置率高，加上沒有安裝冷氣，難與新街市或超級市場競爭。這些問題能否通過改良街市硬件配置，或改變營運模式，而令街市重現活力，吸引市民光顧？我們回望香港公眾街市過去一百多年的發展，無論是建築規劃、檔位設計或街市管理等，都經過不斷改良，以切合不同時代的社會需要。近年香港一些舊街市經過裝修翻新，都能有效增加客量。

　　香港人一向喜歡新鮮食材，希望公眾街市這種日常建築，以及人們逛街市這個日常習慣，可以保存下去。

註釋

1　"Management of Public Markets," n.d., https://www.legco.gov.hk/research-publications/english/essentials-2021ise07-management-of-public-markets.htm#endnote3.

2　"Management of Public Markets."

致謝

我要感謝我的研究團隊成員周柏賢、莊潔明和李皓，為本書搜集資料和製作插圖。是項研究計劃得以展開並出版成書，全賴衞奕信勳爵文物信託的資助，我衷心感謝理事會秘書處提供的行政幫助。本研究計劃亦得到中國香港特別行政區研究資助局的部分資助（項目編號LU 11604419），謹此致謝。最後，我感謝香港中文大學出版社的支持，特別是編輯余敏聰及編輯助理蔣柏兒為本書提供了許多寶貴的編寫建議，使本書能順利出版。